城市水安全

管理技术集成和输出模式研究

尹雪 王磊 黄毅 编著

中国环境出版集团 • 北京

图书在版编目（CIP）数据

城市水安全管理技术集成和输出模式研究/尹雪，王磊，黄毅编著. —北京：中国环境出版集团，2023.6
ISBN 978-7-5111-5491-0

Ⅰ. ①城…　Ⅱ. ①尹…②王…③黄…　Ⅲ. ①城市用水—水资源管理—安全管理—研究—中国　Ⅳ. ①TU991.31

中国国家版本馆 CIP 数据核字（2023）第 063983 号

出 版 人　武德凯
责任编辑　孙　莉
封面设计　岳　帅

出版发行　中国环境出版集团
（100062　北京市东城区广渠门内大街 16 号）
网　　址：http://www.cesp.com.cn
电子邮箱：bjgl@cesp.com.cn
联系电话：010-67112765（编辑管理部）
发行热线：010-67125803，010-67113405（传真）
印　　刷　北京中献拓方科技发展有限公司
经　　销　各地新华书店
版　　次　2023 年 6 月第 1 版
印　　次　2023 年 6 月第 1 次印刷
开　　本　787×1092　1/16
印　　张　12.25
字　　数　230 千字
定　　价　50.00 元

本书编委会

主　任：

尹　雪　王　磊　黄　毅

编写人员：

李军红　陈晓丹　谢林伸　李　玮　尹东高　莫凤鸾

栗苏文　吴福贤　吴宪宗　王火青　姚诗诗　冯　杰

朱婷婷　陈纯兴　黄伊嘉　齐秀娟　卢　淼　何晓露

刘怡虹　申芝芝　邓　臣　袁文俊

前　言

随着全球经济的不断发展，水安全的战略地位不断升高，水安全事故频发也越来越引起全世界的关注。“一带一路”沿线国家，尤其是发展中国家，在防洪排涝、水资源、水生态环境治理等方面凸显不足，水安全保障面临着重大挑战。改革开放 40 多年来，我国坚持走可持续发展之路，在水安全领域的人才培养、技术研究和设备生产等方面都取得了很大进展，积累了丰富的经验，逐渐从技术引进国成为全球水安全保障的重要参与者、贡献者和引领者。面对纷繁复杂的国际形势，我们要以习近平生态文明思想为指导，重视水安全的战略作用，抓住这一关乎国计民生的基础性问题，在各国水安全领域贡献中国智慧和中国方案。

本书系统梳理了我国水安全领域的相关经验及技术，在总结我国一线城市防洪排涝、水资源、水生态环境发展经验的基础上，研判国内水安全领域具有的国际合作基础及优势。作者调研了蒙古国等 8 个“一带一路”沿线具有代表性的国家，分析总结了各国水安全发展现状、面临的主要问题以及相关管理方法与技术需求，并且详细分析了各项技术方法的原理特点、工艺流程和适用范围。基于层次分析法构建了水安全技术评估方法，应用于马来西亚城镇生活污水处理技术、巴基斯坦“海绵城市”技术以及伊朗海水淡化技术，为我国向各国技术输出提供参考。

结合“一带一路”沿线国家的水安全问题和技术需求，建立水安全管理方法技术集成和输出模式，提出技术输出风险防范策略，推进我国水安全领域“走出去”的宏观战略目标，与“一带一路”沿线国家共同打造开放、包容、均衡、普惠的区域经济合作架构。

由于作者水平有限，本书内容存在不足之处，希望读者批评指正。

编　者

2023 年于深圳

目　录

第 1 章　绪论

1.1　研究背景

在全球经济低迷、世界格局不断变化、全球治理机制脆弱、世界性问题多样复杂难控的国际背景下，2013 年 9 月和 10 月，国家主席习近平先后提出建设“丝绸之路经济带”和“21 世纪海上丝绸之路”（以下简称“一带一路”）的倡议。中国与有关国家利用双边、多边机制，借助既有的、行之有效的区域合作平台，借用古代丝绸之路的历史符号，高举和平发展的旗帜，积极发展与沿线国家的经济合作伙伴关系，与其共同打造政治互信、经济融合、文化包容的利益共同体、命运共同体和责任共同体。

中国经济发展迅速，2020 年国内生产总值突破 100 万亿元，常住人口城镇化率超过 60%。然而，由于早期我国生产技术水平相对落后，开发粗放和对环境保护的重视不够，使水资源不断匮乏，水污染、水生态破坏、洪涝灾害等水安全问题日益突出。如今，中国正走在水安全可持续发展的道路上，水安全领域的人才培养、基础研究、技术研究和设备生产等方面也取得了很大进展，水安全管理方法和技术研发方面也积累了丰富的经验，这些经验可为“一带一路”沿线其他国家和地区解决水安全问题提供借鉴。

本书重视水安全的战略作用，抓住水安全这一关乎国计民生的基础性问题，系统梳理我国水安全重点领域的相关经验及技术，在总结我国主要城市水安全管理经验的基础上，研判国内水安全领域具有的国际合作基础及优势，结合“一带一路”沿线国家的水安全问题和技术需求，建立水安全管理方法技术集成和输出模式，推进我国水安全领域“走出去”的宏观战略目标，与“一带一路”沿线国家共同打造开放、包容、均衡、普惠的区域经济合作架构。

1.2 水安全定义

传统的安全问题主要指国防安全、食品安全、人身财产安全、网络安全以及药品安全等。随着社会经济的不断发展，水安全对社会经济发展的影响逐步纳入安全问题的研究范畴。不少学者对水安全的定义进行了探讨。夏军等提出，水安全是指一个国家或地区乃至世界人类生存和发展所必需的水资源的数量和质量，以及持续维持人类健康和流域生态环境的能力，确保人民生命财产不受水旱灾害的破坏和水环境污染的影响。杨光明等认为，水安全意味着水资源不仅能够满足地球上人类和所有有益于人类的生物的需要，而且能够满足社会、经济、生态和环境可持续发展的需要，还要保护他们免受各种与水有关的灾难。洪阳认为，水安全问题是指人类不可持续的社会经济活动导致正常水体功能减弱或丧失，导致一系列经济、社会和环境问题。史正涛等提出，城市水安全的实质是水能够在数量、质量、供给形式及其与背景区域水资源的关系等方面为维持城市社会经济和生态环境的良性循环提供强有力的可持续支持，以实现和谐城市水安全可持续发展和城市可持续发展。

2000 年在荷兰海牙举行的第二届世界水资源论坛及部长级会议对水安全的含义做出了解释：水安全指的是现在或将来，由于自然的水文循环波动或人类对水循环平衡的不合理改变，或是二者的耦合，使得人类赖以生存的区域水状况发生对人类不利的演进，并正在或将要对人类社会的各个方面产生不利的影响，表现为干旱、洪涝、水量短缺、水质污染、水环境破坏等方面，并由此可能引发相关地区粮食减产、社会不稳定、经济下滑及地区冲突等。会议同时提出了“四项保障”：为 21 世纪全球生物提供用水安全，这意味着应确保淡水、海岸和相关的生态系统受到保护并得到改善；确保可持续性发展和政治稳定性得以提高；确保人人都能够得到并有能力支付足够的安全用水以过上健康和幸福的生活；确保易受伤害人群能够得到保护以避免遭受与水相关的灾害威胁。

水安全的定义应反映与水有关的变化与公共安全之间的联系。笔者将水安全分为与公共安全密切相关的 3 个方面：防洪排涝安全、水资源安全、水生态环境安全。防洪排涝安全主要是对洪涝灾害的预防与治理，包括定性和定量评估、综合治理以及不同规模和区域洪涝风险的预防；水资源安全是对水资源能否满足社会、经济和生态用水合理需求的综合评价；水生态环境安全关注水污染和水生态环境的整体安全。

1.3 我国水安全管理方法与技术输出基础

我国坚持走可持续发展之路，在建立水安全管理体制及制定相关法律条例方面均取得了长足进步，具备了向发展中国家传授经验、提供技术支持的能力。

1.3.1 我国水安全管理体制

为兼顾水资源的自然特征及社会特征，我国实行流域管理和行政区域管理相结合的水管理体制。经过多年实践，已基本形成了以法律为基础，以国务院批复的部门“三定规定”为依据，以水行政主管部门为主、多部门合作的水治理体制。

（1）国家层面的水治理体制现状

《中华人民共和国水法》规定，国家对水资源实行流域管理和行政区域管理相结合的管理体制，国务院水行政主管部门负责全国水资源的统一管理和监督工作，国务院有关部门按照职责分工，负责水资源的开发、利用、节约和保护的有关工作。

根据这种法律制度设计，国家层面的水治理体制大体分为3种类型：

①以水利部为主履行管理职责，其他部门配合。主要包括防汛抗旱管理、水资源管理、河湖管理、水土保持、农田水利、水工程建设与管理等领域。

②以国务院其他部门为主履行管理职责，水利部等部门配合。如国家发展和改革委员会对全国包括水能在内的可再生能源实施行业管理，水利部按规定开展水能资源调查工作，指导农村水能资源开发工作；生态环境部对水污染防治实施统一监督管理，水利部、住房和城乡建设部等相关部门配合。

③国务院有关部门管理职能如果交叉，各自按国务院批复的“三定规定”履行职责。如在水环境治理方面，生态环境部负责水污染防治，水利部负责水资源保护，组织拟定水功能区划并监督实施、核定水域纳污能力、提出限制排污总量建议、指导入河排污口设置等；在城市供水方面，水利部门负责城市重要水源建设管理，住房和城乡建设部门负责市政供水管网建设管理；在城市防洪方面，水利部门负责涉及城市的江河防洪工程建设管理，住房和城乡建设部门负责城市排水和内涝治理。

（2）流域层面的水治理体制现状

依据《中华人民共和国水法》的规定，水利部在长江、黄河、淮河、海河、珠江、松辽、太湖流域分别设立流域管理机构，在所管辖的范围内，负责保障水资源开发利用、水资源监督和保护、防治水旱灾害、指导水文工作、协调水土流失防治、水政监察和水行政执法、农村水利及农村水能资源开发等。各省（自治区、直辖市）水行政主管部门负责本辖区的水资源统一管理。

（3）地方层面的水治理体制现状

地方层面的水治理体制总体上以地方水行政主管部门为主，相关部门配合，部分地方的水治理体制有创新。地方水行政主管部门与国家水行政主管部门的职能基本对口，分省、地（市）、县三级，实行分级管理。推行水务一体制的地区，把城市供水、排水、污水处理等职能纳入水行政主管部门统一管理。

1.3.2 我国水安全相关法律条例

自 20 世纪 80 年代以来，我国进入了依法治水、依法管水的阶段。为开展水安全管理的立法工作，全国人大常委会先后通过了《中华人民共和国水污染防治法》（1984 年）、《中华人民共和国水法》（1988 年）、《中华人民共和国水土保持法》（1991 年）、《中华人民共和国防洪法》（1997 年）、《中华人民共和国长江保护法》（2020 年）等，后续又进行了不断地完善修订，形成了我国的水安全管理法律体系。从此水资源的管理和利用步入了规范化、法制化的轨道，为我国的水安全管理提供了有力的法律保障。同时，针对不同层面水安全问题，国务院及各部委制定了行政法规条例，以此不断强化我国水安全管理。

在防洪安全方面，国务院先后发布了《中华人民共和国河道管理条例》（1988 年）、《中华人民共和国防汛条例》（1991 年）、《水库大坝安全管理条例》（1991 年）、《中华人民共和国抗旱条例》（2009 年）、《太湖流域管理条例》（2011 年）、《长江三峡水利枢纽安全保卫条例》（2013 年）。

在水资源管理方面，国务院和各部委发布了《城市节约用水管理规定》（1988 年）、《城市供水条例》（1994 年）、《水行政许可实施办法》（2005 年）、《黄河水量调度条例》（2006 年）、《取水许可管理办法》（2008 年）、《中华人民共和国抗旱条例》（2009 年）、《南水北调工程供用水管理条例》（2014 年）、《农田水利条例》（2016 年）。

在饮用水安全管理方面，经过多年的努力，我国供水事业迅速发展，并初步形成了一套饮用水安全保障管理体系。从 1989 年开始，国家相继出台了《关于饮用水水源保护区污染防治管理规定》（1989 年）、《取水许可制度实施办法》（1993 年）、《城市供水条例》（1994 年）、《生活饮用水卫生监督管理办法》（1997 年）、《城市供水水质管理规定》（2006 年）等规定和管理办法，更好地保护和管理我国的饮用水安全。同时为了更好地保护水源，防止源头污染，2005 年，国务院发布了《关于加强饮用水安全保障工作的通知》，要求各地区要加强对饮用水水源、水厂供水和用水点的水质监测，对取水、制水、供水实施全过程管理，及时掌握城乡饮用水水源环境、供水水质状况，并定期检查。各供水单位要建立以水质为核心的质量管理体系，建立严格的取样、检测和化验制度，按国家有关标准和操作规程检测供水水质，并完善检测数据的统计分析和报表制度。

在水生态环境安全方面，国务院及各部委发布了《城镇排水与污水处理条例》（2013 年）、《城镇污水排入排水管网许可管理办法》（2015 年）、《中华人民共和国防治船舶污染内河水域环境管理规定》（2015 年）、《水功能区监督管理办法》（2017 年）、《排污许可管理条例》（2021 年）。为了遏制并解决我国地下水超采、污染严重问题，2011 年环境保护部印发了《全国地下水污染防治规划（2011—2020 年）》，从地下水污染状况调查、保障地下水饮用水水源环境安全、控制影响地下水的城镇污染、重点工业地下水污染防治、控制农业面源对地下水的污染、加强土壤对地下水污染的防控、地下水污染修复、地下水环境监管体系的构建等方面强化了我国对地下水污染的控制和治理。

2022 年，国家发展和改革委员会、水利部印发的《“十四五”水安全保障规划》（以下简称《规划》），是国家层面首次编制实施的水安全保障五年规划，《规划》提出到 2025 年，我国水旱灾害防御能力、水资源节约集约安全利用能力、水资源优化配置能力、河湖生态保护治理能力进一步加强，国家水安全保障能力明显提升。

第 2 章　我国主要城市水安全概况

2.1　北京市

北京既是我国的政治中心、文化中心，又是一个国际化大都市。中华人民共和国成立以来，随着经济社会的发展和人口的不断增长，北京的水资源供需平衡长期处于脆弱状态，水生态环境遭到破坏，城市水安全遭到威胁。为建设首善之都、宜居之都，北京市在水安全保障方面积累了许多成功的经验。

2.1.1　防洪排涝

北京市的气候为典型的北温带半湿润大陆性季风气候，夏季高温多雨，冬季寒冷干燥，春、秋季短促，年平均降水量为 585 mm，降水季节分配很不均匀，全年 80%的降水集中在夏季 6 月、7 月、8 月，并且容易形成暴雨。北京市山前地带地形坡度陡，增加了平原地区的洪涝灾害的压力；东南平原地势平坦，排水系统薄弱，如遭遇暴雨，极易发生洪涝灾害。

（1）北京市防洪工程系统

北京市防洪工程系统包括永定河、北运河、潮白河、大秦河、蓟运河五大流域，400 多条中小型河流，12 个蓄滞洪区和 2 个防汛防洪枢纽。

全市有 85 座水库，总库容为 93.77 亿 m^3，其中，21 座大中型水库具有防洪调蓄功能，流域面积占全境山区面积的 68%，这些水库使山区大部分洪水得到控制，雨水和洪水资源得到有效利用。

蓄滞洪区是防洪排涝系统的重要组成部分，北京市共有 12 个蓄滞洪区，总面积为 2.4 万亩[①]，总容积为 1.9 亿 m^3（不含永定河流域）。

此外，为确保北京市中心城区及下游地区的防洪排涝安全，永定河和北航道分别利用卢沟桥和北关闸将洪水排入毗邻的大庆河和潮白河。

（2）北京市防汛抗洪总体思路

根据城市规划和京津冀协调发展的部署和需要，结合“海绵城市”建设中的“渗透、停滞、储存、净化、利用、排水”思路，北京市重点保护中心城区、副中心城区、新城区和重点村镇安全，确保对下游区域防汛抗洪的控制，确定了“流域控制、分区防御、洪涝兼治、化害为利”的总体思路。

①流域控制。

“治水”主要体现在 3 个方面：第一是源头治理。以小流域为单位，通过水土保持、海绵设施、雨水利用等措施，实施雨水资源削减。第二是过程控制。以 5 个主要水系的主流为主线，每个流域通过水库等滞洪、蓄水和泄流控制措施降低洪峰。第三是终端控制。以主支流末端为节点，控制支流流向主流和主流出口，进行终端调节。“流域控制”不仅适用于五大流域，也适用于小流域，甚至城市区域的每个雨水分区也都适用。

②分区防御。

分区防守是根据水系形成的自然空间和城市结构、不同的保护对象和防洪措施，如中心城区、副中心城区和新城区，在不同的层次上形成不同的防洪屏障。例如，中心城区永定河左岸为 200 年一遇的防洪标准，北运河、潮白河为 100 年一遇的防洪标准，而顺义新城区则依托潮白河右岸进行保护。

③洪涝兼治。

根据河流水系、地形特征和其他因素，对断水控制区域进行划分。北京市的平原区被划分为 12 个饮用区，分布在 5 个主要流域，其中 7 个饮用区位于北航道流域，2 个饮用区位于潮白河流域，另外 3 个流域各分布 1 个饮用区。根据“高水高排、低水低排、自排为主、泵排为辅、储水用水”的原则，在划分饮用区的基础上，根据土壤、河流、道路、行政边界和排水条件等因素，将平坦和低洼地区进一步细分为饮用区。

④化害为利。

化害为利就是通过建设流域、蓄滞洪区等工程，对洪水进行调度和科学管理，

① 1 亩≈667 m^2。

实现洪水资源的利用。城市建设区域根据“海绵城市”的建设需要，采取源头削减、中途转移、城市末端调蓄等多种手段，提高城市的渗透、调节、储存、净化能力。资源化利用和科学排放雨水可实现城市水资源的良性循环。

2.1.2 水资源

2020 年，北京市地表水资源量为 8.25 亿 m^3（不含水库蒸发渗漏量的地表水资源量为 6.65 亿 m^3），地下水资源量为 17.51 亿 m^3，水资源总量为 25.76 亿 m^3，比多年平均水资源总量（37.39 亿 m^3）减少了 31.1%（表 2-1）。

表 2-1　2020 年北京市各流域水资源总量

流域分区	面积/km^2	年降水总量/mm	水资源总量/亿 m^3	地表水资源量/亿 m^3	地下水资源量/亿 m^3
全市	16 410	91.83	25.76	8.25	17.51
蓟运河	1 300	6.31	2.16	0.16	2.00
潮白河	5 510	33.10	6.30	2.93	3.37
北运河	4 250	23.47	10.48	4.43	6.05
永定河	3 210	16.31	3.44	0.30	3.14
大清河	2 140	12.64	3.38	0.43	2.95

北京市的水资源主要依赖于密云水库和官厅水库的地下水和地表水资源。2020 年，官厅水库可利用来水量为 2.24 亿 m^3（含引黄向官厅水库调量），多年平均可利用来水量为 8.66 亿 m^3；密云水库可利用来水量为 4.15 亿 m^3（含南水北调向密云水库调量），多年平均可利用来水量为 9.12 亿 m^3。

由于气候变化以及用水量的增加，2001—2018 年，北京市年平均降水量减少了 10%，境外来水量减少了 76%，进入密云水库和官厅水库的水量减少了 77%。根据 2020 年的水资源总量和常住人口年平均数计算，北京市人均水资源量为 118 m^3，远低于人均 1 000 m^3 的国际稀缺极限。水资源紧缺是北京市的基本市情、水情，为此，北京市在水资源安全体系建设方面采取了以下措施。

（1）多源供给，构建多源多向互济供水格局

按照节水优先的原则，北京市充分利用南水北调中线，开通东线、西线应急通道，加强北方水源保护，深入挖掘水资源非常规利用潜力，完善了水资源供给多元化、总量平衡、储量充足的城市水安全体系。

（2）兼容并蓄，强化水资源战略储备体系

南水北调中线工程通水后，北京市将逐步建立由密云、官厅等地面和地下蓄水池组成的北京市水储备系统，如密怀顺、平谷、西郊通过减少地下水开采、更换自备井、维护蓄水水箱和填充地下水，确保干旱年份的供水安全，提高对水资源紧急情况的响应和紧急情况下的应急处置能力。

（3）精细调配，提高供水保证率及效率

逐步推进水利设施建设，在大兴机场、丁家洼等建设配套水利设施，推进河西支线、大兴线以及其他设施建设工作，创新水资源优化配置机制，根据“饮用、储存、补充”的概念，优化南部和北部的水资源分配。北京市水利局发布的《水资源交通管理办法》规范了调度流程，明确了责任，建立了技术指标，完善了运输管理体系，精细了规划，有序建立了统一的水资源管理体系，促进水资源利用效率的持续提高。

推进水资源智能配送系统建设，启动“水资源统一调度平台（阶段）”，初步实现信息采集监控，整合统计分析。南水北调应急管理在线等水资源“数控调度”系统能帮助决策者了解城市供水供应状况，推进全市水资源综合优化管理。

2.1.3　水生态环境

北京市地表水水质空间差异明显，上游水质状况总体好于下游。2020 年北京市五大水系有水河流 95 条段，长度为 2 338.8 km。Ⅰ～Ⅲ类水质河长占监测河流总长度的 63.8%；Ⅳ～Ⅴ类水质河长占监测河流总长度的 33.8%；劣Ⅴ类水质河长占监测河流总长度的 2.4%。主要污染指标为化学需氧量、生化需氧量和总磷，污染类型属于有机污染型。

2020 年北京市共监测湖泊 20 个，水域面积约为 667.6 万 m^2。Ⅰ～Ⅲ类水质湖泊面积占监测水域总面积的 12.6%；Ⅳ～Ⅴ类水质湖泊面积占监测水域总面积的 84.6%；劣Ⅴ类水质湖泊面积占监测水域总面积的 2.8%。主要污染指标为总磷、化学需氧量和生化需氧量。团城湖、筒子河和展览馆后湖等 7 个湖泊营养状态为中度营养，其他湖泊均处于轻度—中度富营养状态。

2020 年共监测有水水库 18 座，平均总蓄水量为 30.6 亿 m^3。Ⅰ～Ⅲ类水质水库的蓄水量占监测总蓄水量的 84.6%；Ⅳ类水质水库的蓄水量占监测总蓄水量的 15.4%。主要污染指标为总磷、化学需氧量、生化需氧量和氟化物。其中，官厅水库水质为Ⅳ类，主要污染指标为化学需氧量和氟化物。

2020年北京市地下水水质总体保持稳定，浅层地下水、地表水和大气降水联系密切，水质易受到扰动；深层地下水水质保持天然状态，主要受到铁、锰、氟化物等水文地质化学背景影响。

2020年北京市对全市五大水系70条主要干支流、20个重点湖泊、17座大中型水库开展了浮游植物、浮游动物、底栖动物和鱼类等水生生物指标的研究性监测。全市地表水中共监测到浮游植物119种，绿藻门和硅藻门种类最多，其次为蓝藻门；监测到浮游动物161种，轮虫动物门种类最多；监测到底栖动物180种，节肢动物门种类最多；监测到鱼类41种，主要为鲤科鱼类，主要优势种为麦穗鱼和高体鳑鲏。其中，山区河段以喜急流生境的鱼类为主，优势种有麦穗鱼、拉氏大吻鱥、宽鳍鱲、鰲、小黄黝鱼；平原河段以喜缓流生境的鱼类为主，优势种有麦穗鱼、高体鳑鲏、兴凯银鮈、鲫。

近年来，北京市水环境改善效果显著，总结出以下水环境治理经验：

（1）以水源保护为中心，开展清洁小流域建设

从2003年开始，北京市在水源地周边开展清洁小流域建设，实施污水、垃圾、厕所、河道和环境“五同步”治理，构筑“生态修复、生态治理、生态保护”三道防线。

（2）以消除黑臭水体为中心，开展黑臭水体专项整治工作

本着“标本兼治、一河一策”的原则，北京市采用控源截污、内源治理、活水补给、生态修复等措施全面启动了黑臭水体治理工作。

（3）以改善河湖水环境质量为中心，开展流域综合治理工程

北京市近年来实施了永定河绿色生态发展带建设、北运河流域综合治理工程以及潮白河流域综合治理工程等多个流域工程。通过河道截污治污、恢复新建湿地及建设绿色廊道等形式大幅改善北京市水环境，城区主要河道基本还清，监测断面污染物主要指标连续下降，河道水体达标情况逐年好转，河道水环境明显改善。

（4）以增加河湖水环境容量为核心，开展再生水补给及水系连通工程

再生水补给作为改善河道水环境最为有效的手段之一，已经随着北京市中心城区和新城区的污水处理厂升级改造而逐渐开展。2016年，北京市再生水利用量突破10亿m^3，河湖再生水补给对河流污染物浓度的稀释和促进缓流水体增加流速起到了重要的作用。“十二五”时期，北京市完成了六海水系连通，使得原来只能靠定期换水、投加药剂而改善水质的湖泊变成了流动水体，增强了水体自净能

力，降低了污染物浓度，改善了湖泊水环境。

（5）以促进生态文明建设持续推进，打造“水清、岸绿、安全、宜人”的水生态环境为中心，开展清河行动

河岸垃圾和水面漂浮物影响环境卫生，清河行动将集中清除河道岸边垃圾和水面漂浮物，保证所有河岸及河道内水体无垃圾和水面漂浮物、无影响行洪的障碍物、无对人身生命和闸坝安全构成重大危害的安全隐患，从而将责任落实到单位，落实到个人。加强巡察及日常监管，建立长效机制，保持水清岸美，确保清河行动取得效果。

2.2　上海市

上海市位于中国南北海岸线中部、长江三角洲东缘、长江口和太湖流域下游。上海市东濒东海，南临杭州湾，北依长江口，西与江苏、浙江两省相接，形成以上海市为龙头的中国最大经济区——“长三角经济区”。“十二五”以来，上海市在水利部、住房和城乡建设部及相关流域机构的指导下，全市各级水务部门紧紧围绕创新驱动、转型发展、稳中求进的工作方针，结合水务工作特点，按照“完善体系，提升跨越”的总体思路，继续完善防汛安全四道防线，着力推进水源地建设和集约化供水，全力推进城乡水环境治理，全面完成最严格水资源管理制度试点，大力加强农田水利设施建设，合理开发利用和保护滩涂资源，不断健全水务长效管理机制，使水务管理体系得到进一步完善。

2.2.1　防洪排涝

上海市处于北亚热带东南亚季风盛行的地区，四季分明，雨量充沛，多年平均降水量为 1 191 mm，并多集中在 6—9 月。上海市位于长江和太湖流域的下游，地势低洼，常年受大风、暴雨、潮汐和洪水的影响，是我国防洪压力较大的城市之一。多年来，在自然和人为因素影响下，风、暴、潮、洪“光顾”上海市的频次逐年增加。自 21 世纪以来，黄浦江河口吴淞站风增水超过 1 m 的风暴潮就有 15 次，其中最大增水达 1.86 m。风暴潮影响上海地区平均持续时间为 2～3 d，最长可达 5～6 d。

太湖流域经过两轮综合治理，已基本形成“充分利用太湖调蓄、北排长江、东出黄浦江、南排杭州湾”的流域防洪工程布局。到 2020 年，上海市涉及的二轮

“治太”工程确定的流域防洪工程除吴淞江工程外均已实施完成，基本达到流域和区域防洪标准。黄浦江市区段防汛墙达到 1 000 年一遇的防潮标准，大陆及长兴岛主海塘防御能力基本达到 200 年一遇的防洪标准，崇明岛和横沙岛基本达到 100 年一遇的防洪标准。全市已基本形成 14 个水利分片综合治理总体格局，除涝能力基本达到 15 年一遇的防洪标准。千里海塘、千里江堤和区域除涝等重大基础设施的建设，与城镇雨水排水系统构成了上海防洪排涝体系的“四大防线”。

（1）防洪排涝策略

上海市在长三角一体化新发展格局下，依托流域综合治理格局，统筹流域泄洪和本市防洪，实行洪涝分治，维持 14 个水利分片治理格局。按照城镇雨水排水规划，上海市推进“绿色源头削峰、灰色过程蓄排、蓝色末端消纳、管理提质增效”的城镇雨水排水系统建设，坚持“绿、灰、蓝、管”多项措施共同推进：“绿”指的是建设“海绵城市”，削减洪水峰值等一系列措施；“灰”指的是一系列城市防洪设施，如水闸、堤防、大坝、城市排水管网等；“蓝”指的是要充分发挥河网的蓄水和排水作用，采取适当增加河湖面积、将断头浜打通、对河道底泥进行疏浚等主要措施；“管”指的是各项防洪设施的智能化管理与精细化管理。

（2）规划布局

在流域总体规划和城市总体规划的基础上，上海市基于入海口的地理位置和潮汐特征，建成“两江四河、一弧三环、一网十四片”的防洪排涝体系和布局。

“两江四河”防洪体系主要防御城市洪涝灾害，“两江”是指黄浦江和吴淞江，“四河”指的是四条黄浦江上游主要支流。

“一弧三环”防洪体系主要防御沿江和沿海的高潮位，“一弧”指的是主城的大陆海弧，“三环”指的是主城的崇明三岛。

“一网十四片”是上海市防洪除涝体系基础，“一网”指覆盖全市的一张河网，“十四片”指 14 个水利分片区。全市大陆区域内以黄浦江、苏州河、蕴藻浜、淀浦河、太浦河、拦路港—泖河—斜塘、红旗塘—大燕塘—园泄泾、胥浦塘—掘石港—大泖港、淀山湖、元荡等河道、湖泊及部分区界为界划分为 11 个水利片，崇明岛、长兴岛、横沙岛 3 个独立水系形成另外 3 个水利片，全市共划分为 14 个水利片。上海市市管河道（湖泊）基本情况和水利分片情况如表 2-2、表 2-3 所示。

表 2-2　上海市市管河道（湖泊）基本情况

序号	河道（湖泊）名称	长度/km	面积/km^2	流经区
1	蕰藻浜	35.28	2.612 7	嘉定区、宝山区
2	新槎浦	9.51	0.391 8	长宁区、嘉定区、普陀区、宝山区
3	潘泾	18.88	0.778 4	宝山区
4	练祁河	28.69	1.340 9	嘉定区、宝山区
5	桃浦河—木渎港	15.61	0.402 1	宝山区、普陀区
6	东茭泾—彭越浦	10.78	0.274 4	宝山区、静安区、普陀区
7	西泗塘—俞泾浦—虹口港	14.57	0.331 2	宝山区、静安区、虹口区
8	南泗塘—沙泾港	15.62	0.336 8	宝山区、虹口区
9	走马塘	8.24	0.184 0	宝山区、静安区、虹口区
10	虬江	5.90	0.168 2	杨浦区
11	杨树浦港	4.58	0.093 9	杨浦区
12	漕河泾港—龙华港	9.11	0.239 2	闵行区、徐汇区
13	张家塘港	7.19	0.158 3	闵行区、徐汇区
14	蒲汇塘	6.64	0.173 1	闵行区、徐汇区
15	新泾港	11.18	0.280 7	长宁区、闵行区
16	油墩港	37.90	2.539 6	嘉定区、青浦区、松江区
17	淀浦河	46.06	3.097 0	青浦区、松江区、闵行区、徐汇区
18	叶榭塘—龙泉港	27.49	1.538 7	松江区、奉贤区、金山区
19	赵家沟	11.83	0.733 5	浦东新区
20	浦东运河	33.76	1.365 6	浦东新区
21	川杨河	28.60	1.758 8	浦东新区
22	大治河	38.06	4.312 4	浦东新区
23	金汇港	22.45	2.191 9	奉贤区
24	环岛运河	163.62	11.398 9	崇明区
25	团旺河	16.94	1.376 7	崇明区
26	黄浦江	89.97	40.803 1	松江区、奉贤区、闵行区、浦东新区、徐汇区、黄浦区、虹口区、杨浦区、宝山区
27	吴淞江—苏州河	54.00	3.492 5	青浦区、闵行区、嘉定区、长宁区、普陀区、静安区、黄浦区、虹口区
28	太浦河	15.47	3.258 7	青浦区
29	拦路港—泖河—斜塘	29.21	5.236 8	青浦区、松江区
30	红旗塘—大燕塘—园泄泾	16.73	2.253 4	青浦区、松江区
31	胥浦塘—掘石港—大泖港	19.39	2.412 3	青山区、松江区

表 2-3 上海市水利分片情况

序号	水利片名称	面积/km^2	涉及行政区
1	嘉宝北片	698.77	嘉定区、宝山区、普陀区
2	蕰南片	173.37	宝山区、静安区、杨浦区、普陀区、虹口区
3	淀北片	179.28	长宁区、徐汇区、闵行区
4	淀南片	186.75	闵行区、徐汇区
5	浦东片	1 976.60	浦东新区、闵行区、奉贤区
6	青松片	758.23	青浦区、松江区
7	太北片	85.05	青浦区
8	太南片	99.96	青浦区、松江区
9	浦南东片	479.00	金山区、松江区
10	浦南西片	293.06	金山区、松江区
11	商榻片	32.42	青浦区
12	崇明岛片	1 070.00	崇明区
13	长兴岛片	76.87	崇明区
14	横沙岛片	49.26	崇明区

2.2.2 水资源

2020 年，上海市平均降水量为 1 554.6 mm，水资源总量为 58.57 亿 m^3，年地表径流量为 49.88 亿 m^3，地下水资源量为 11.64 亿 m^3，地下水与地表水资源不重复计算量为 8.69 亿 m^3。

近 30 年来，上海市因地制宜建设了多项原水工程，逐步形成了长江黄浦江双水源、四大水库集中输水、多库连通的供水水源安全保障体系，改变了以黄浦江、内河为水源及沿江分散饮用水的高风险原水供应状况，解决了水质、水量、水安全三大供水问题。

以前大多数上海市的水厂是沿河修建的，如杨树浦水厂、南石水厂、闸北水厂、陆家嘴水厂和长桥水厂。随着工业的发展和人口的增长，受城市生活污水和工业污染的影响，黄浦江的水质越来越差。为改善原水水质，黄浦江引水一期工程于 1987 年 7 月竣工，取水口调至临江；黄浦江引水二期工程于 1998 年 10 月竣工，取水口调至松浦大桥。每个供水站从附近的取水口取水改为从黄浦江上游集中引水。经过两次引水工程调整取水口后，水厂的水质得到了改善。

20 世纪 90 年代，上海市经济发展进入“快车道”，经济总量快速增长，工业能源水平不断提高，人口规模不断扩大。与此同时，生产生活用水需求不断增加，供需矛盾日益突出，仅黄浦江的水源已不能满足上海城市用水的需求。1992 年，长江口第一座水库陈行水库建成，黄浦江作为上海市的唯一饮用水水源就此成为历史。陈行水库位于上海市宝山区罗泾镇的东部长江江堤外侧，一期工程于 1992 年竣工，设计库容 830 万 m^3，供水规模为 40 万 m^3/d。二期工程于 1996 年竣工，非咸潮期原水供应能力可达 130 万 m^3/d。三期工程于 2008 年竣工，陈行水库库容增加至 950 万 m^3，供水规模为 206 万 m^3/d。

2006 年，为了解决黄浦江上游供水能力有限、水质不稳定以及陈行水库抗咸能力低下等供水安全问题，上海市政府决定在长兴岛西北方冲积沙洲青草沙上建设青草沙水库。2010 年，青草沙水库建成，库容为 4.3 亿 m^3，供水量为 719 万 m^3/d。水库蓄满水时，在不取水的情况下可连续供水 68 d，可确保咸潮期的原水供应。

2012 年，东风西沙水库建成于上海市长江口南支上段的北侧、崇明岛西南部，有效库容为 890 万 m^3，近期供水量为 21.5 万 m^3/d，远期原水供水量为 40 万 m^3/d。2014 年 1 月水库正式供水，大大改善了崇明岛的原水供应状况。

上海市西南五区（青浦、松江、金山、闵行和奉贤）在黄浦江干流和支流有各自的取水设施，取水方式分散。如果发生突发性水污染事故或水质事件，很难及时有效地做出反应。2013 年 10 月，为了进一步提高城市原水供应的安全能力和城市供水质量，上海市政府批复了《黄浦江上游水源地规划》，将青浦、松江、金山、闵行和奉贤 5 个区现有取水口归并于太浦河金泽水库和松浦水库取水口，形成“一线、二点、三站”连通格局，并实现正向和反向互连互通输水，保证供水安全。金泽水库于 2016 年 12 月建成供水，总库容约为 910 万 m^3，应急备用库容约为 525 万 m^3，原水供应能力达到 351 万 m^3/d。金泽水库的建成标志着上海四大水库型水源地格局的基本形成，为上海市全面实现“两江并进、多源互补”战略格局奠定了重要基础。

上海市所有水厂的原水由 4 座水库供应，不再直接从河流取水。4 座水库可提供约 1 300 万 m^3/d 的原水，完全满足上海市目前 1 100 万 m^3/d 的用水需求。

2.2.3　水生态环境

2020 年，上海市主要河流的 259 个考核断面中，Ⅱ～Ⅲ类水质断面数量占比为 74.1%，Ⅳ类水质断面数量占比为 24.7%，Ⅴ类水质断面数量占比为 1.2%，无劣Ⅴ类水质断面。4 个在用集中式饮用水水源（长江青草沙、东风西沙、陈行和黄浦江金泽）水质全部达标（达到或优于Ⅲ类标准）。13 个国家级地下水监测点中，水质为Ⅲ类、Ⅳ类和Ⅴ类的数量分别为 6 个、5 个和 2 个，占比分别为 46.1%、38.5%和 15.4%。

上海市水环境治理历程总体可分为 4 个阶段，1977—1990 年为农村水利阶段，1991—2000 年为城乡一体化水利阶段，2001—2015 年为城市水务阶段，2016 年至今为全面建立河湖长制阶段。

（1）农村水利阶段

上海市通过理顺管理职能，治水实现从农业向农村的转变。这个阶段是上海市水利和供排水适应改革开放与城市发展，加快基础设施建设、逐步还历史欠账期，也是郊区农田水利向农村水利发展的转折期。1977 年 10 月，上海市成立市农田水利建设指挥部，1983 年 3 月改建为市水利局，1988 年 8 月，上海市政府确立上海市水利局为上海市水行政主管部门，对全市水资源开发利用及保护实行统一管理和分级分部门管理。1980 年，《上海郊区水利建设规划（1980—1990 年）》确定了上（海）嘉（定）宝（山）地区、松（江）青（山）松（浦）地区、川（沙）南（汇）奉（贤）地区、江岛地区等 14 片区的综合治理规划。1977 年，大治河开工建设拉开了上海市水利分片管理的序幕，蕰藻浜、川杨河、金汇港、紫石泾等骨干河道治理工程相继开工，逐步掀起以分片治理和开挖骨干河道为标志的农田水利建设高潮。

（2）城乡一体化水利阶段

上海市通过坚持城乡统筹，治水实现从农村向城市的转变。这个阶段是上海市持续开展水利、供水、排水建设，着力解决水与上海城市发展突出矛盾的重要时期，也是从农村水利建设向城市水利建设的重要转折期。1990 年，上海市水利局设立水政处，加强水利法制建设和水行政执法工作。《上海市实施〈中华人民共和国水法〉办法》《上海市滩涂管理条例》《上海市黄浦江防汛墙保护办法》《上海市河道管理条例》等一批地方性法规与政府规章制度相继颁布，全市走向依法治水管水的轨道。

（3）城市水务阶段

上海市坚持统一治水，实现从“九龙治水”向“一龙管水”转变，基本形成了城乡一体、全行业、全覆盖的水务发展体系。这个阶段，上海市为从根本上解决水务问题，于 2000 年组建了上海市水务局，建立了城乡一体、水行业全覆盖的“一龙管水”水务一体化管理体制。2000—2010 年，先后实施中小河道整治“四大战役”，完成 201 条段、330 km 中心城区河道整治，近 1 000 km 郊区黑臭河道整治等。2011—2015 年，水环境治理方向从消除黑臭、改善水质为主向稳定水质、修复生态为主转变，实施了约 130 km 河道生态治理、200 km 界河整治，截至 2015 年，河道水质劣Ⅴ类水体数量占比下降为 48.6%。

（4）全面建立河湖长制阶段

上海市坚持系统治水，实现治水从“部门治水”向“党政同责”转变。2017 年 1 月，上海市委、市政府办公厅印发《关于上海市全面推行河长制的实施方案》，全市建立市、区、界政的三级河长体系，高位推动城乡中小河道综合整治。2016 年 12 月，上海市打响中小河道综合整治攻坚战，按照全覆盖、水岸同治的治水思路，以重污染河道整治为重点，完成全市 1 864 条段、1 756 km 城乡中小河道综合整治，至 2018 年年底，全市中小河道全面消除黑臭。2018 年，上海市委、市政府以“苏四期”工程为引领，以“河长制”为抓手，全面启动消除劣Ⅴ类水体治理工作，到 2020 年年底，全市基本消除劣Ⅴ类水体。

上海市的治水经验告诉我们，完成乡镇水务体制改革，全面建立河湖长制是有力推动水环境治理的制度优势；“一河一策”系统治理是落实河湖长制、全面推动河湖健康发展的重要技术支撑；资金投入逐年增加，优惠政策不断叠加是顺利推动水环境治理的措施保障；河湖管理养护水平不断提升、水资源调度不断优化是水环境治理成果巩固提升的有效机制。

2.3　广州市

广州市是粤港澳大湾区核心城市，地处广东省中南部，珠江三角洲北缘，濒临中国南海，东连博罗、龙门两县，西邻三水、南海和顺德，北靠清远市区和佛冈县及新丰县，南接东莞市和中山市，隔海与香港、澳门相望。作为千年水城，广州市境内水系发达，河网交错，面临着高度城市化区域暴雨内涝与水生态环境污染等严峻挑战，多年来在应对水安全问题方面积累了丰富的经验。

2.3.1　防洪排涝

广州市属于典型的南亚热带海洋性季风气候，雨量充沛，多年平均降水量为 1 813 mm，降水主要集中在 4—9 月，前汛期多为锋面雨，后汛期多为热带气旋雨和对流雨，广州市暴雨具有发生频率高、降水强度大、历时短、范围集中的特点。

广州市中心城区北高南低，北面有白云山、火炉山、瘦狗岭，南面是珠江，降水时雨水会顺着山体在河涌中穿城而过。另外，受珠江潮位的顶托，大潮涨潮时如果遇到本地大雨，雨水因为无法及时排出，极易形成城市内涝。广州市在城市建设的过程中对行洪通道造成了破坏和削弱，河道被迫改道、淤塞、变窄甚至被填埋消失，致使过水能力锐减，池塘、湖泊占填降低了城市自然调蓄能力。与2000年相比，2020年全市不透水面积增加3.3倍。城市“硬底化”更是使得雨水的下渗量和截流量下降，径流系数增加，城市内涝不断，“逢雨必涝，城市看海”的景象层出不穷。广州市多年来受“黑格比”（2008年）、“天鸽”（2017年）、“山竹”（2018年）等强台风暴潮袭击，实测最高潮位接连突破历史极值。南沙站、三沙站200年一遇的设计潮位提高约0.74 m，部分已达标工程被动降标。在新水文情势下，全市堤防达标率为57%，其中江堤达标率为65%，海堤达标率仅为47%。

经过广州市水利人员数十年的不懈努力，全市防洪（潮）排涝体系已基本成形，成功完成“从无到有”的跨越。总体来说，广州市西江、北江、东江中下游防洪体系基本成形，过境洪水问题基本得以解决。老鸦岗、新家埔站以下属于潮控区，经常受外海台风暴潮侵袭，珠堤达标提升后已经可以防御“山竹”级别台风暴潮。而由本地暴雨造成的城市内涝，近年已成为影响社会经济稳定发展最突出的水患问题。

（1）珠江流域防洪工程布局

西江、北江、东江主要经两涌一河、平洲水道、顺德水道以及东江北干流进入广州市，与珠江广州段交织形成三角洲水网，由虎门、蕉门、洪奇门、横门入海。根据《珠江流域综合规划》《珠江流域防洪规划》，西江、北江、东江中下游防洪体系均为“堤库结合”。目前西江、北江中下游防洪体系基本形成但尚未完善，大藤峡水利枢纽预计2023年年底完工，潖江蓄滞洪区2020年年底开工建设。广州市应按照珠江流域防洪布局，积极支持、配合水利部珠江水利委员会、广东省水利厅推进蓄滞洪区建设，与“百川”堤防工程形成完整防洪工程体系，使广州市具备防御、抵御北江300年一遇洪水、1915年型洪水的能力。

（2）广州市域防洪（潮）工程布局

广州市的120条防洪河道由30条流域防洪河道、90条区域防洪河道组成。30条流域防洪河道分为两类：一是“三江”过境洪水行泄通道，包括沙湾水道、蕉门水道等；二是行泄广州本地洪水为主且流域面积大于 500 km^2 的骨干通道，如流溪河、增江、珠江广州段等。90条区域防洪河道同样是广州本地洪水骨干行泄通道，但其流域面积小于 500 km^2，当九大区域发生强降雨时，区域防洪河道中下游可能发生漫堤并造成大范围受淹，“5·22”南岗河出口段一片汪洋就是典型案例。

根据《珠江流域综合规划》《珠江流域防洪规划》，具有调洪削峰功能的骨干水利枢纽均不在广州市辖区内，因此广州流域防洪体系以联围为单元，由海堤、江堤、挡潮闸三类工程措施构建而成。根据《广州市防洪（潮）排涝规划（2021—2035 年）》，全市规划河道新开 1.5 km，河道整治 110.01 km；新建 6 座骨干河道沿线调蓄湖，总容积为 83 万 m^3。完成 17 座小型水库以及茂墩水库除险加固，新建、扩建 5 座水库。重点挖潜存量水库调蓄能力，优化水库调度规程，动态管控汛限水位、预泄腾空库容。加快推进南大、大封门水库扩建，牛路、沙迳水库新建工程。对受威胁区域人口密集、存在重要基础设施的高风险坝，通过工程及非工程措施，切实提高水库保坝能力。

广州市可划分为 105 个排涝片区，“千涌”即 1 248 条内河涌，是各排涝片区的涝水行泄通道，起到排除本地雨水的功能。105 个排涝片区可划为三大分区，即北部山林生态区、中部都会区及南部滨海湾区。《广州市防洪（潮）排涝规划（2021—2035 年）》按“定竖向、散调蓄、拓通道、强泵排”的总体治涝思路，运用“+海绵”理念，因地制宜规划城市治涝体系布局，加强蓝、绿、灰一体化海绵城市建设，消除严重影响生产生活的易涝点，提升城市内涝防御韧性。全市整治排涝河道 365 条，总长 890 km；挖潜 24 座调蓄湖、新建 33 座调蓄设施，新增调蓄容积 750 万 m^3；新建泵站 145 座、改扩建 63 座，新增流量 3 830 m^3/s，17 个排涝片区调整为“集中抽排”模式。

2.3.2　水资源

2020 年，广州市地表水资源量为 72.70 亿 m^3，地下水资源量为 14.30 亿 m^3，水资源总量为 73.65 亿 m^3。受自然地理特征、水汽输送条件的影响以及水资源条件与土地资源、社会经济发展之间的相互制约，广州市水资源状况具有以下特征：

①广州市水资源年际变化较大，最大、最小年径流的比值可达 4～5；径流年内分配不均匀，年径流量的 80%～85%集中在汛期（4—9 月），主要以洪水形式直接入海，容易造成洪涝灾害。非汛期时径流偏小，易发生旱灾。受水汽补充条件、地理位置和地形条件影响，广州市水资源地区分布不均，年径流深度由南向北递增，变幅为 30～740 mm，南部南沙区最低，北部从化区最高。

②本地水资源人均占有量偏低。广州市人口众多且本地水资源有限，造成了

本地水资源人均占有量偏低，本地水资源紧缺。广州市人均水资源占有量为 880.17 m^3，低于广东省平均水平（2 118 m^3），为全国人均水资源占有量的 1/2。

③本地水资源相对较少，但过境水资源丰富。广州市本地水资源并不丰富，仅占广东省水资源总量的 4.4%。但由于位于珠江流域下游靠近出海口，西江、北江、东江三江汇合后丰富的过境水量和河口潮流量大大弥补了本地水资源的不足。多年平均水资源可利用量为 382.62 亿 m^3，是本地水资源可利用总量的 23 倍。

④广州市现已形成“四用一备”的多水源布局，以及较为完善的分片联网、统一供水的格局。西江、北江顺德水道与沙湾水道、东江北干流和增江水源、流溪河为主要供水饮用水水源，珠江西航道水源为应急备用水源。整体供水水源状况为：东片以东江北干流及增江为主要供水水源，南片以北江沙湾水道和顺德水道为主要供水水源，西片以西江为主要供水水源，北片以流溪河、白坭河为主要供水水源。待珠江三角洲水资源配置工程建成后，南片南沙区供水将新增西江引水供水水源。

2.3.3 水生态环境

2020 年，广州市 13 个国考、省考断面水质首次全部达标，地表水水质优良断面比例为 76.90%，劣Ⅴ类水体断面数量首次全部清零，10 个城市集中式饮用水水源水质稳定达标，乡镇饮用水水源水质均达标，8 条入海河流水质全面达标。流溪河上游、流溪河中游、珠江广州河段后航道、黄埔航道、狮子洋、增江、东江北干流、市桥水道、沙湾水道、蕉门水道等主要江河水质优良，珠江广州河段西航道、白坭河、石井河水质受轻度污染。

广州市水环境治理经验可以总结为以下两点。

（1）加强源头治理

2016 年以来，广州市持续推进“三源四洗”，全力推进广州市污水处理提质增效和黑臭水体治理工作，使治理工作从“调水冲污”向“截污治污”转变、从“末端处理”向“源头治理”转变、从“工程优先”向“强化管理”转变，在城市黑臭水体治理和城市污水处理提质增效等方面取得了一定成效。

广州市在污染源查控方面动真碰硬，2017 年以来，全市共拆除涉河违法建筑 988.93 万 m^2，完成 15 351 个“散乱污”场所的整治任务；在源头实施有效截污，已建成污水处理厂 63 座，设计规模达 773.83 万 m^3/d，建成管网（含城中村、农村）约 28 793 km。截至 2020 年年底，城市污水处理率达 97.9%，城市建成区管网密度为 12.81 km/km^2。

（2）优化管理机制

广州市治水从多部门多头管理和城乡发展无序管理等弊端中脱离出来，打出“上下联动、网格化管理、智慧化治水”的“组合拳”，采取多部门联动方式，全面推进污染源整治工作。

①优化河湖长体系。广州市在原 3 030 名四级河长、828 名四级湖长、3 296 名自然村河段长的五级河长体系基础上，向上延伸设置九大流域市级河长，向下延伸在全市 19 660 个标准网格设置了 18 416 名网格员，发挥一线“岗哨”作用，形成了多级治水体系。此外，广州市还全面推行河湖警长制，把公安机关纳入河长制体系，打出“河湖长+河湖警长”的“组合拳”，坚决打击涉水违法犯罪行为，形成强大的震慑效果。

②建立监督指导机制。可采用专项监督、人大和政协监督、暗访监督、媒体监督、群众监督等多种监督方式，组建了 165 支 2 087 人参加的民间护水队，聘请了民间河长 754 人，“广州治水投诉”等微信公众号受理市民投诉也取得了良好的社会效果。建立考核问责机制，把治水考核结果作为领导干部综合考核评价的重要依据，明确各级河长在完成黑臭水体整治任务前原则上不得调整，各级河长调整前，组织部门须书面征求同级河长办意见。

广州市已经建立起以网格为单元的治水体系，绘制网格“作战图”22 380 张，推行网格化治水，由村居负责人、网格员发现问题，并通过“广州河长”App 上报，形成“作战图”，实现污染源逐个上报、逐个消灭。全市 2019 年度污染源整治销号任务量为 54 504 个，截至 2019 年 12 月 31 日，整治销号任务已全部完成，整治销号率为 100%。

2.4　深圳市

深圳市地处广东省南部，珠江口东岸，东临大亚湾和大鹏湾，西濒珠江口和伶仃洋，南边与香港隔河相望，北部与东莞、惠州两城市连接，土地面积为 1 997.47 km^2，常住人口为 1 756 万人。深圳市下辖 9 个行政区（福田区、罗湖区、盐田区、南山区、宝安区、龙岗区、龙华区、坪山区、光明区）、1 个新区（大鹏新区）和 1 个合作区（深汕特别合作区）。深汕特别合作区位于广东省南部，粤港澳大湾区最东端，西北与惠州市惠东县连接，东与汕尾海丰县相连，深汕特别合作区包括鹅埠、小漠、鲘门、赤石四镇，总面积为 458.3 km^2。

深圳市面临的水安全问题主要包括以下 3 个方面：

（1）本地水资源匮乏

由于地理条件比较特殊，深圳市区域内无大江、大河、大湖、大库，蓄滞洪能力较差，本地水资源供给严重不足，80%以上的原水需从市外的东江引入。深圳市库容超过 1 000 万 m^3 的大、中型水库只有 16 座，人均水资源量仅为全国平均水平的 1/13，全市现状水资源储备量仅能满足 45 天左右的应急需要，深圳市因此成为全国严重缺水的城市之一。

（2）台风暴雨频繁

全市降水时空分布不均，80%以上集中于汛期，年均受台风影响 3.5 次。由于城市化进程在一定程度上破坏了自然水系，加上现有防洪排涝基础设施建设标准不高，局部区域排涝设施不够完善，因此深圳市受洪涝灾害的威胁较大。

（3）河流污染比较严重

全市绝大多数河流河道短小，呈明显的雨源型河流特征，水环境容量偏小，城市污染负荷远远超出本地水环境承载力，流域城区的河流普遍受到污染，水环境治理压力巨大。

在严峻的水安全挑战下，深圳市克服了各种困难，在水安全建设方面取得了较好的成绩。

2.4.1 防洪排涝

深圳市属于亚热带海洋性气候，降水量充沛，多年平均降水量为 1 830 mm。降水时空分布不均，东南多、西北少，呈自东向西递减的现象；降水主要集中在汛期 4—10 月，约占全年降水总量的 85%。由于降水时空分布不均，干旱和洪涝经常交替出现。经过多年的发展，深圳市基本建成了以水库、河道、河堤、滞洪区、海堤、水闸及泵站等设施为主体的防洪排涝工程体系。

2.4.1.1 防洪排涝工程措施

（1）源头减排，增容蓄洪

深圳市注重低影响开发，强化源头管控，系统构建低影响开发、雨水排水系统、城市防洪（潮）排涝“三位一体”的城市防洪减灾综合体系，全面提升城市防洪排涝能力，充分发挥防洪御潮、景观、休闲等综合功能。

①大力推进“海绵城市”建设。

深圳市以凤凰城国家级试点项目为契机，总结可复制、可传播的试点经验，在区域试点项目中成功推广“+海绵”理念以及在全市范围内将城中村改造为“海绵城市”，推动全市“海绵城市”建设，包括前海合作区、八广区等 27 个重点区域。全市形成了“点—线—面”结合的实施趋势。在“点”方面，本着应做尽做的原则，除豁免名单外，所有项目均存储 2 700 多个“海绵城市”建设项目；在“线”上，依靠河流的整治和道路的建设，提高周边地区的整体素质；在全市 43 个额定集水区的基础上，系统推广“面”的建设，推动工程在该区域实现达标。

②增强调蓄能力。

深圳市结合自身的地形地貌特点，充分挖掘现有水库、山塘、河湖等水体富余的调蓄能力，在公园、绿地等公共空间合理分配落实调蓄容积，采用“雨水调蓄模数”指标（具体建议为每万千米设置雨水调蓄容积 300 m^3），实现全年 70% 场次降雨就地消纳、30 mm 降雨不产流。

（2）排涝除险，山洪截排

排涝除险系统主要用于解决雨水的控制问题，此外还包括源头减排系统和污水渠道系统的容量，对象包含城市水体、调节和储存设施以及排放通道。排涝除险系统的建设应当充分利用自然蓄水、排水设施，充分发挥泄洪河流的排水能力以及水库、洼地、湖泊的调蓄雨水功能，合理确定排水量。

（3）河道管网，提标增效

深圳市新建、改造现有雨水管渠，提高城市雨水管网设计标准与覆盖密度，提高城市雨水管网达标率，打造完善的分流制雨水管渠系统，提升城市排水能力。按照国家相关要求标准，对于新建管渠，采用暴雨重现期不低于 3 年一遇标准设计雨水管道，对于不满足设计标准的现状管渠，结合地区改建、涝区治理、道路建设等工程进行逐步改造。

深圳市加强河道综合整治及日常管理，在有条件的情况下拆除侵占河道的违法建筑、拓宽河道、降低河床标高，增强行洪能力，结合城市更新有序推进“暗渠复明”。结合全市正本清源雨污分流管网改造，认真贯彻执行《深圳市排水（雨水）防涝综合规划》中雨水管网建设任务，要求新建、改建的雨水管渠严格执行相关规范、规划中确定的涉及重现期标准，城市非中心区域重现期为 3 年，中心区城区重现期为 5 年，重要地区重现期为 10 年以上。市政道路上雨水管管径（有预留口时）不应小于 600 mm。

（4）深隧系统，立体蓄排

按照洪涝分治、细化排水分区的思路，深圳市采取上截、中蓄、低排的策略，合理利用地下空间优化城市防洪排涝工程体系。在流域上边界，利用山洪拦截和分流洪水，连接环形水库拦截初期雨水；在两者之间，雨水和洪水的调节以及暴雨的储存和管理用于储存洪水；在下游河流中，利用泵站和隧道协调减少雨水和污水向海洋的排放，以形成稳定的防洪和三维排水科学系统。目前深圳市共有排水闸和排涝泵站数量分别为 79 座和 133 座，总装机流量为 1 000.98 m^3/s，内涝防治能力基本达到 20～50 年一遇。

（5）防洪系统

深圳市防洪系统工程措施的安排主要依据《深圳市防洪潮规划修编报告（2014—2020 年）》《深圳市治水提质工作计划（2015—2020 年）》确定。《深圳市防洪潮规划（2020—2035 年）》已确定各流域河流调整后的防洪标准，同时综合水库、堤防、节制闸、各类调蓄设施、蓄滞洪区、流域防洪调度等措施，使得深圳市区防洪标准全面达到 200 年一遇。

（6）达标新建加固沿海堤防

深圳市统筹建设城市防潮体系，西部结合前海与大空港开发建设，东部结合国际生物谷坝光核心启动区开发建设，同时新建、加固海堤，完成部分薄弱地段海堤达标改造。目前全市（不含深汕）河道总长度为 999.91 km，海岸线总长度为 260.50 km，海堤总长度为 89.44 km，整体防洪潮能力为 100～200 年一遇。截至 2019 年年底，按现行规划标准，河道防洪达标率为 94%，防潮达标率为 85.9%。

2.4.1.2 防洪排涝非工程措施

（1）加强“三防”监测与管控

深圳市加强水文、积涝自动化监测和分析系统建设。建立“三防”指挥中心和“三防”险情灾情速报平台，及时、准确、全面掌握“三防”信息，加强预案管理、专业队伍建设、物资装备保障，重点提高城区暴雨积水警示和快速处置能力。加强极端灾害性天气应对策略研究，开展洪涝和台风灾害风险分析，编制全市洪涝灾害风险图和重点流域防洪调度方案。根据预案组织指挥调度抢险救灾演练，提高极端天气条件下的防灾减灾指挥决策水平和抢险救灾能力。加大公益宣传，提升市民对洪涝灾害的防范意识。

（2）水利信息化

深圳市防汛信息基础平台和防汛系统采用网络信息技术、多媒体视频成像技术、自动控制技术、数据库管理技术和水文模拟技术，用于数据采集、数据传输、数据存储、视频监控、自动控制、预测和调度。

2.4.2　水资源

深圳市多年平均降水量为 1 830 mm，空间分布不均，东南多、西北少，呈自东向西递减的趋势，东部地区降水量约为 2 000 mm，中部地区降水量为 1 700～2 000 mm，西部地区降水量约为 1 700 mm。全市降水时间分布也不均匀，降水主要集中在汛期（4—10 月），约占全年降水量的 85%。由于降水时空分布不均，干旱和洪涝常交替出现。深圳市多年平均水资源量为 20.95 亿 m^3，其中地下水资源量为 4.37 亿 m^3。

深圳市人均水资源量不足，仅为 155 m^3，远低于人均 500 m^3 的标准，是一个严重缺水的城市。深圳市主要依靠东江调水解决供水问题，每年约 20 亿 m^3 的总用水量中，约 80%通过东深供水项目，该项目长度超过 100 km，其余 20%由本地 29 座供水水库供给。为此，深圳市聚焦水资源保护，构建“调配灵活、安全可靠”的水资源保障体系——完善“两江并举、多源互补”的原水供应格局，通过加大供水水源地保护力度，提高城市发展基础支撑与保障能力。

（1）构建双水源双安全供水网络

深圳市通过统筹西江和东江双水源，立足东江、着眼西江，积极配合广东省推进“珠江三角洲水资源配置工程”的建设，推进公明—清林径水库连通工程、珠江三角洲水资源配置深圳境内配套工程建设。通过水权交易等多种措施，进一步争取提高深圳市用水量指标和境外引水规模，保障长远发展用水需求。

（2）加强饮用水水源地水质保护

深圳市开展以水库为单位的流域综合治理，在全市主要饮用水水源地内形成雨污分流系统，落实相应管理机制，恢复入库河流自然生态，消除饮用水水源水库的污染隐患。加强水库一级水源保护区隔离封闭管理设施建设，开展饮用水水源地水生态修复，防止东江上游活动对水质造成影响。进一步加强对二级和准水源保护区的管理，做好水源保护区内的排污口清拆、垃圾回收处理、道路路面等面源污染管理工作。

（3）推进小型水库的功能优化

深圳市根据全市水资源配置系统以及水厂优化整合情况，分阶段对小型供水水库功能进行优化，提高大中型水库的供水覆盖范围，逐步使部分小水库退出供水功能。对退出供水功能的小水库，结合“海绵城市”建设及生态景观、河道补水等需求重新定位其功能。

（4）加强地下水的监测与管理

深圳市按进度对全市地下水监测站井实施日常监测和管理，掌握地下水水位、水温、水质等基础资料，为后续规范性的长期监测工作打下基础。选定地下水丰富的区域建设地下水利用示范工程，逐步完善全市地下水动态监测网络。在已经开展地下水监测项目的基础上，积极探索地下水资源在突发水危机时作为城市应急水源的研究。在自来水管网覆盖区域严禁开采地下水，严厉打击私采地下水行为，合理保护地下水资源。

2.4.3 水生态环境

2020 年，深圳市 29 个饮用水水源地中除东涌水库和洞梓水库因工程施工未开展监测外，其他水库水质均达到或优于国家地表水Ⅲ类标准，水质达标率为 100%。

2020 年，茅洲河共和村（国考）断面水质由 2019 年劣Ⅴ类提升为Ⅳ类，深圳河河口（国考）断面水质由 2019 年Ⅴ类提升为Ⅳ类；赤石河小漠桥（国考）断面水质保持为优，水质达到国家地表水Ⅱ类标准；深圳河径肚（省考）断面水质保持为优，水质达到国家地表水Ⅱ类标准；观澜河企坪（省考）断面水质由 2019 年Ⅳ类提升为Ⅲ类；龙岗河西湖村（省考）断面水质由 2019 年劣Ⅴ类提升为Ⅲ类；坪山河上垟（省考）断面水质保持为Ⅲ类。

“十三五”期间，深圳市在水环境治理方面取得的成就全国瞩目。深圳市大部分河流小而短，呈现出明显的雨源性河流特征，即雨季为河流，旱季为沟渠，缺乏额外的动力水源，河流水环境容量相对较小。城市污染的负担远远超过了当地的水环境承载力。流域城区河流普遍受到污染，水处理压力巨大。

2016 年年初，深圳市 310 条河流中有 159 个黑臭水体，黑臭水体数量是我国 36 个重点城市中最多的，茅洲河等五大河流水质劣于Ⅴ类，经济高度发达导致水环境承载力严重失衡。因此，深圳市委、市政府决定将水环境治理作为未来几年最大的惠民环保工程，实施“治水十策”和“十大行动”，全力打一场艰苦而持久的水污染防治攻坚战，为不断改善人民生活，努力建设现代化、国际化、创新型城市奋斗。

（1）流域管理体制机制

①着力重建流域综合管理责任。按照一体化、系统化管理的思路，深圳市整合建立了包括茅洲河在内的 4 个流域管理中心，对流域水资源要素和水设施进行整体规划，有效地构建了流域水资源综合管理体系，促进茅洲河上游与下游的衔接，兼顾左右两岸协同管理。

②优化事权关系。理顺深圳市水调控机制，在调整管理体制后，深圳市水务局将按照专业路线，以“条”为重点，协调发展规划、政策和相关流域标准。流域管理中心的重点是区域和部门之间的总体规划、分配和协调，重点是“区”。同时，流域管理中心负责对流域进行巡逻，及时跟踪污染源和遇到的污染行为，并协调环境保护、城市管理和其他部门进行处理。

③加强城市之间的联系，形成协作高效的水资源管理力量。作为流域总体规划和协调的中心平台，深圳市流域管理中心协调城市和流域地区与水相关因素的调度，解决区域间相关的问题，并对总体方案进行系统分析和专业诊断，制订各区域水污染治理项目的技术路线和布局。各区和街道与流域管理中心合作推动相关工作，流域相关事务管理工作直接提交给流域管理中心。与原来先向市水务局上报，市水务局再向事业单位指派任务的方式相比，目前的管理水平和协调效率都有所提高。

（2）水污染防治管理措施

“十三五”期间，深圳市积极响应全国污染防治攻坚战，通过人力和大规模资本投资，解决了多年来水环境污染的历史性滞后，并在法制、机制和制度上创新了多种管理措施。

①实施全流域总体规划、大兵团作战、“厂网河”各要素综合治理，建立下沉监管机制，建立流域管理机构，通过立法打破社区红线的限制，审查和制定深圳市物业管理条例和排水条例，推广社区排水管理，应用沉积物和污泥回收等新技术，发扬敢于突破、敢于率先突破的精神，以破冰思想引领改革攻坚，突破长期存在的痛点、堵塞点和结构性问题。

②通过分类校正和精确控制，对与水有关的非点源污染进行长期治理。针对餐饮、农贸市场、洗车、“三池”（化粪池、隔油池、废水池）和废水建设等 13 类非点源性水污染，制定各类技术导则和标准，建立生态环境部门与水监、城管、住建等行业主管部门的联系机制，强化街道、社区网络管理职责，形成上下结合、共同管理的工作格局。

③以流域协调、监管为重点，构建全流域、全要素、全衔接管理新模式。深圳市率先建立了 4 个流域管理中心，来促进和协调水污染控制、防洪和排水等与水有关的工作方法、绿色道路的建设和流域水设施的联合调度。成立了 5 个流域监测协调小组，由水务部门负责人牵头，深入一线，注重协调、监督和技术支持，指导服务中的变更监督检查，共同推进任务的执行。

④以河长制为引领，构建全民治水新格局。强化河道负责人职责，在市、区、街、社区四级落实 1 057 条河道负责人和 818 名湖泊负责人，实现人人管河，河道负责人有事做。鼓励全民参与，创立志愿者河长学院和“民间河长”护水模式，建立由 150 名民间河长、702 名志愿者河长、1 万名红领巾河长和 10 万多名“河小二”组成的河流保护团队，构建全民治水新格局。

⑤不断创新治水方法。一是全流域治理。五大流域以及海湾内的每个水系都根据流域进行了分段处理。二是源头治理。如果污水收集和处理不当，将通过多条渠道排入河流，因此有必要查明污染源并从源头上加以控制。三是系统治理。将废水收集、输送、处理及最终污泥处理处置的全过程形成一个封闭循环，通过闭路处理形成整体效益。

⑥在管理制度方面，健全管理制度，提高管理水平。一是在社区创新实施城市区域排水管理。深圳市颁布了《深圳经济特区排水条例》，对全市 2 万多个社区的排水设施进行专业管理。二是对河流进行优化、生态和智能维护。三是创新非点源水污染分类治理机制。将与水有关的非点源污染分为 13 类，分类制定处理标准和规范，并开展长期处理行动。严格实行分类排水补贴存款制度，完成全市 37 万户排水户的调查登记。

（3）水污染防治技术方法

深圳市在“十三五”期间，对各大流域进行了水环境综合整治，其中茅洲河是深圳市水污染较为严重的河流之一。经过“十三五”期间的治理，茅洲河的各大小支流水质全部由劣Ⅴ类提升到Ⅳ类。在深圳茅洲河水环境综合整治项目的实施过程，中电建生态环境集团有限公司紧紧围绕“流域统筹、系统治理”的水环境治理思想，深入研究水环境治理技术，为满足“治水治污”的功能需求，创新提出了针对城市水环境治理的一套切实可行的技术思路，即控源截污、内源削减、活水增容、水质净化、生态修复、长效维护。深圳市结合综合治理工程的实际工作，不断总结经验，提炼出了城市水环境综合治理六大技术系统，如图 2-1 所示。

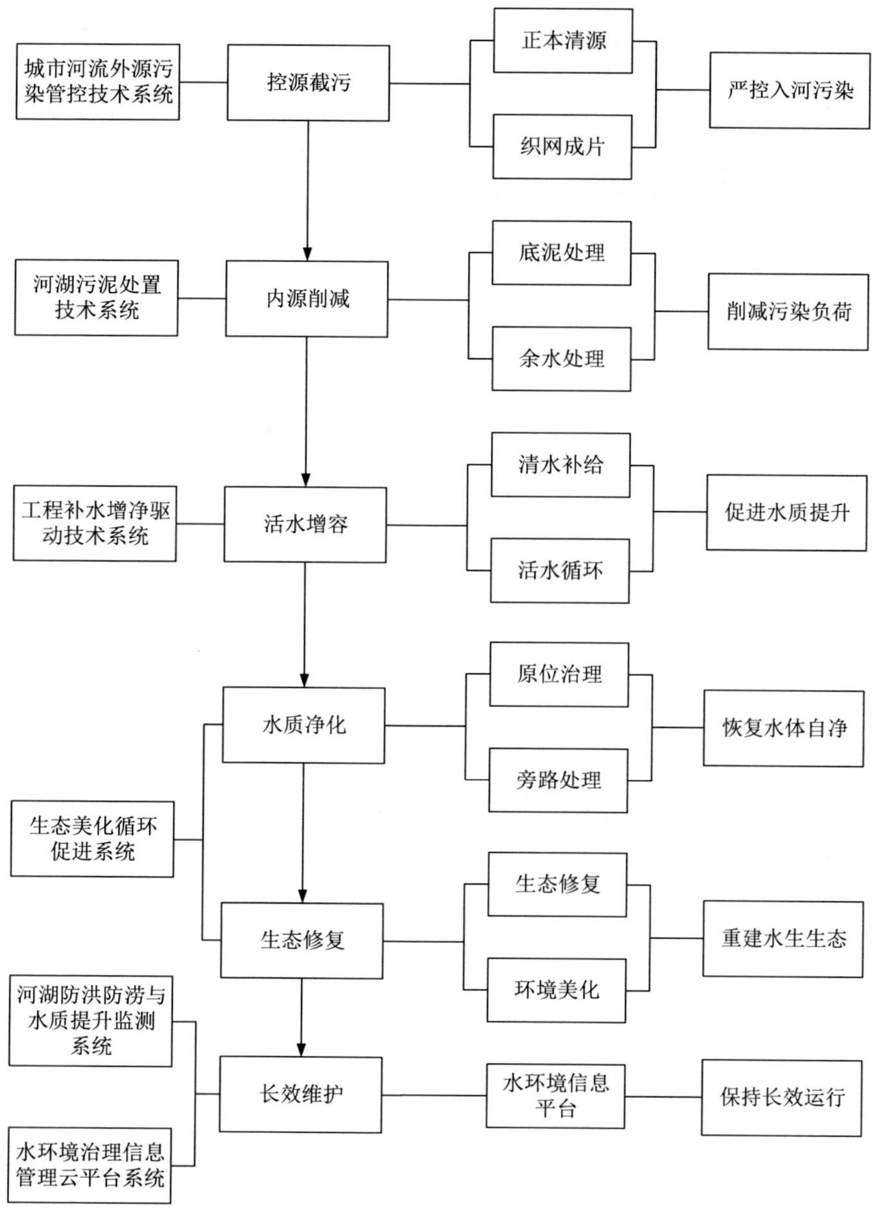

图 2-1　水环境治理六大技术系统思路

第 3 章　“一带一路”沿线国家水安全概况

“一带一路”主线主要依托“五大走向”和“六大国际经济走廊”。路线全长约 6.9 万 km，其中陆地 3 条，全长约 4.2 万 km，分别对应“五大走向”中的中国—中亚—俄罗斯—欧洲、中国—中亚—西亚—欧洲和中国—东南亚；共有 2 条海上航线，总长约 2.7 万 km，分别对应“五大走向”中的中国—地中海—印度洋和中国—南太平洋。主干道涉及 50 个国家，包括 25 个亚洲国家、19 个欧洲国家和 6 个非洲国家。“一带一路”主要区域经济社会发展不平衡，东南部地区人口多，西北部地区人口少。东南部地区经济社会正处于快速发展时期，多数国家为中等收入国家；西北部地区经济最发达，人均收入较高；西南部地区的经济最不发达，包括索马里和厄立特里亚这两个低收入国家。表 3-1 列出了“一带一路”沿线主要国家（地区）。

表 3-1　“一带一路”沿线主要国家（地区）

区域	国家（地区）名称
东南亚	新加坡、马来西亚、印度尼西亚、缅甸、泰国、老挝、柬埔寨、越南、文莱、菲律宾、东帝汶
南亚	孟加拉国、巴基斯坦、印度、斯里兰卡、阿富汗、马尔代夫、尼泊尔、不丹
中亚	哈萨克斯坦、乌兹别克斯坦、土库曼斯坦、吉尔吉斯斯坦、塔吉克斯坦
西亚	伊朗、伊拉克、土耳其、叙利亚、约旦、黎巴嫩、以色列、巴勒斯坦、沙特阿拉伯、也门、阿曼、阿联酋、卡塔尔、科威特、巴林、希腊、塞浦路斯、埃及的西奈半岛、格鲁吉亚、阿塞拜疆、亚美尼亚
东亚	蒙古国
东欧	俄罗斯、白俄罗斯、乌克兰、立陶宛、爱沙尼亚、拉脱维亚、塞尔维亚
中欧	波兰、捷克、斯洛伐克、匈牙利、德国

区域	国家（地区）名称
南欧	罗马尼亚、保加利亚、希腊、阿尔巴尼亚、意大利、黑山、波黑、克罗地亚、斯洛文尼亚、摩尔多瓦、北马其顿
西欧	荷兰、比利时、法国
东非	埃塞俄比亚、吉布提、索马里、厄立特里亚、肯尼亚
北非	苏丹、埃及

安全、卫生的水是人类赖以生存的基本条件之一。水资源作为基础性的自然资源和战略性的经济资源，对经济社会建设产生了根本性的影响。“一带一路”沿线国家淡水资源严重短缺，其人均可再生内陆淡水资源仅为 6 536 m^3，仅为世界平均水平的 71%，并且存在水生产率低、农业耗水量大等突出问题。随着人口的增加、城市化建设以及世界化石能源的生产、消费与贸易中心的发展，广大发展中国家，特别是“一带一路”沿线国家的水污染形势十分严峻，饮用水安全保障已成为各国面临的重大挑战，这些问题将成为影响“一带一路”沿线国家发展的核心问题。

“一带一路”不同分区的水资源禀赋和经济社会发展差异较大，因此存在不同的水安全问题。东亚地区水资源总量南多北少，人均水资源量较低，南方地区以水环境和洪涝防御安全问题为主，西北地区以水生态环境和供水保障安全问题为主。因此东亚国家首先需要解决的是水资源保障问题，满足人民的基本的生产生活用水。可通过节水、蓄水等措施提高用水效率，在用水的过程中，应减少对现有水体的污染，保护水体环境，确保水资源的可持续利用。

西亚地区水资源短缺，人均水资源量极低。随着人口增多和经济社会的发展，污水排放量和河道取用水量增加，河道生态用水被挤占，水环境遭到破坏。水资源的天然短缺和人为因素造成的污染，使得供水问题日益严重。如也门获得安全饮用水的人口比例仅为 54.9%，因此西亚地区的国家在农业、工业和生活用水过程中应增强节水意识，并建设相应的水利工程，调蓄水资源，保障人民用水需求。

南亚地区水资源总量并不匮乏，但人口众多，人均水资源量较低，且水资源时空分布不均，洪灾和旱灾频发。另外，由于人均水资源短缺、污染严重，南亚地区的国家均存在一定程度的供水保障问题，如孟加拉国获得安全饮用水的人口比例为 86.9%。因此南亚地区的国家首先要做好防洪的工程措施和非工程措施，加强水资源保护。建设水利枢纽工程，解决水资源时空分布不均的问题。加强水环境和水生态的保护。

中亚地区是世界水安全问题的热点地区，存在一定程度的水资源短缺问题，水资源空间分布不均，与经济社会发展布局不匹配。因此，中亚地区需要加强水资源的保护，控制水体污染的程度，并对被污染的水环境和被破坏的水生态进行修复。

东南亚地区水安全问题主要是缺乏水工程，调蓄水工程缺乏、对洪涝的防御能力较差、引水供水工程不足、人口多等导致供水保障率较低。因此，东南亚地区需要加强水利基础设施的建设，以防御洪水造成的威胁，通过相关的设施调蓄雨洪，提高居民的供水保障水平。

欧洲除西欧外，其他区域均存在一定程度的供水问题，中欧和南欧地区受洪灾的影响相对比较严重。因此，欧洲地区应做好洪水防御工作，加强基础设施的建设。

非洲水资源总量和人均水资源量较低，且水资源与经济社会发展不匹配，水安全问题很大程度上是由水工程不足引发的：取水和供水设施不足，引发供水问题；调蓄水工程不足，导致洪涝防御能力极差。因此，非洲国家需要加强水资源管理基础设施的建设。

3.1 蒙古国

蒙古国是位于东亚的内陆国，国土面积为 156.65 km^2，为世界第二大内陆国，国土面积在世界各国排名中居第 19 位。蒙古国地处蒙古高原，西部有阿尔泰山，北部有萨音岭、肯特山，中部有杭爱山，东部为丘陵平原，南部是戈壁沙漠。北面与俄罗斯西伯利亚相邻，其余东、南、西三面与中国相邻。蒙古国边境线总长度为 8 161.9 km，与俄罗斯接壤的边界线长度为 3 485 km，其余边界与中国接壤，长度为 4 676.9 km。蒙古国人口为 327 万人（2020 年），喀尔喀蒙古族约占全国总人口的 80%，此外还有哈萨克等少数民族。

3.1.1 水安全管理机制

蒙古国以流域为单元对国内水安全进行系统管理，制订流域管理计划，并成立了流域委员会，流域委员会由流域内不同行政部门的代表、不同的用水者以及民间组织、媒体和科学界的代表组成。根据相应的水文数据，综合考虑经济和政治影响，蒙古国划分了 29 个流域，并制定了相关的政策标准。

国家层面，蒙古国设立了国家水务委员会对水安全进行系统管理，国家水务委员会由 7 个不同部委的代表组成，以加强水安全管理的跨部门协作。然而，这些体制改革的实施在国家和流域两级都面临着严峻的挑战。横向相互作用方面的缺陷即不同部门（如建筑、采矿、环境、农业）机构之间的协调与合作，以及纵向相互作用方面的缺陷，即不同政治级别（社区、省份、国家一级）机构之间的合作是有效进行水资源管理和水治理的主要障碍。

3.1.2 水资源

蒙古国大部分地区属于大陆性温带草原气候，年平均降水量为 120～250 mm，淡水资源总量约为 1 900 亿 m^3，人均淡水资源量约为 6 万 m^3。蒙古国水资源时空分布不均匀，70%的降水集中在 7—8 月，大部分的水资源分布在蒙古国的北部地区，在靠近中国南部的戈壁沙漠，极少观测到降水。

蒙古国水资源丰富，但时空分布不均，该国南部地区的人民受到戈壁沙漠和半沙漠地区稀疏井网的限制，必须控制最低限度用水量，供水短缺问题特别严重，人均用水量仅为 10 m^3/d。蒙古国北部等地区水资源丰富，但因需水量大、供水公共基础设施薄弱等因素，该地区水资源短缺问题也十分突出。

以首都乌兰巴托为例，近年来，由于工业的快速发展，人口的增长以及农村人口向城市的迁移，使乌兰巴托城市的需水量逐年增加，用水量为 15 万～17 万 m^3/d，预计 2030 年将达到 45.8 万 m^3/d。然而，现有供水设施设计能力只能提供约 25 万 m^3/d 的水量，城市需水量将超过现有供水设施的负荷。

除此之外，蒙古包地区的给排水基础设施更为落后。乌兰巴托 60%的人口居住在城市周边的蒙古包地区，没有供水系统和污水收集系统等配套基础设施和服务，简单的坑式厕所和浸泡坑通常用于解决个人卫生和污水收集处理，供水安全以及水环境安全成为蒙古包地区的主要问题。

蒙古国 80%的饮用水来自地下水，公共供水系统通常以井为主要取水设施，而在南部和东南部地区，人们利用井从深层蓄水层中抽取水，水中通常富含矿物质，硬度大，pH、矿化物、镁、硝酸盐、亚硝酸盐、氟化物、砷、铜等污染物浓度不符合饮用水标准要求。

3.1.3 水生态环境

畜牧业是蒙古国的支柱产业之一。过度放牧不仅加重该国土地荒漠化，也对地表水环境造成了破坏。第二次世界大战前后，蒙古国受苏联“集体农庄”的经验影响，开展集中放牧，草原被切割为块状牧场，牧民在块状牧场上进行集体劳动。牧民盲目追求高产量使畜群规模无序扩张，使草原承担了巨大压力，最终导致草原生态系统的破坏。草原中湖泊、河流等水环境同样受到严重影响，在春季解冻和夏季降雨期间，牧群粪便会随着径流冲入水体中，导致河道出现了季节性高营养输入情况，最终使河流水环境受到污染。

矿业也是蒙古国支柱产业之一。无节制的矿山开采同样给蒙古国水环境造成了严重的破坏。以哈拉河流域为例，蒙古国最高产的金矿开采点位于该流域，金矿开采会释放氰化物以及类金属砷、镉、铅、汞等重金属，严重影响地下水和地表水环境质量。经检测分析，哈拉河流域约 1/3 的地下水体有被重金属污染的风险，部分指标已经超过了国际饮用水标准的限值。

蒙古国城市污水处理系统严重滞后于城市发展。以乌兰巴托为例，70%的城市污水没有经过处理就被回收利用。虽然中心城区都有下水道收集系统和污水处理厂，但根据政府统计数据，只有不到 25%的人口使用下水道，污水通常直接排入河流或地面，严重破坏地表水环境。

蒙古国的水环境状态处在恶化当中，以全国最干旱的南部地区为例，过去曾孕育文明、养育一方水草的乌兰湖、奥罗格湖等已经几近干涸。部分河流水环境也遭到严重的影响，水污染严重。位于中央省的图勒河，与 20 世纪 70 年代相比，径流量减少了 32%。主要原因是图勒河流域 270 km^2 的森林遭到砍伐，大大加剧了流域范围内的水土流失问题。

3.1.4 总结

蒙古国人口分散且居所并不固定，特别是在蒙古国特有的蒙古包地区。居民用水都是就近取用，饮用水基本均未经过处理就直接进行饮用，而这种情况也不适用于建设大规模的供水管网。随着采矿业、畜牧业和生活污水对水资源的污染，饮用水安全将面临更严峻的挑战。

蒙古国应因地制宜建设生活污水处理设施。对于蒙古包地区，居民比较分散，建议建立小型分散式污水处理设施处理蒙古包地区内居民所产生的生活污水。对于城镇地区必须改进集中式城市污水收集与处理系统，同时定期对排水管网进行维护，加强雨污分流建设。

蒙古国除生活污水的直接排放造成水污染外，还有采矿业造成的水污染。在开采矿产的过程中，会发生河流水的重金属超标等污染问题，因此需要加强采矿废水治理，减少采矿和工业活动对地表水和地下水的直接污染和间接污染。

3.2　马来西亚

马来西亚位于东南亚，国土面积约为 33 万 km^2，人口约为 3 236 万人（2020 年），其中城镇人口约为 2 406 万人，农村人口约为 830 万人。马来西亚国土被中国南海分隔成东、西两部分。全国海岸线总长 4 192 km。

3.2.1　水安全管理机制

马来西亚联邦政府和州政府共享水资源管辖权。联邦政府通过灌溉和排水部（DID）负责开发建设水利基础设施，而州政府则管理土地和流域。与人们普遍认为 DID 是水资源管辖的关键角色相反，DID 只是负责排水、灌溉和洪水工程的技术机构，它没有执行权力。地方政府在水资源综合管理方面有更大的职责，不仅在水污染控制方面，而且可以对流域开发进行规划，为河流沿岸的发展创造条件。马来西亚水资源管理和开发不是集中管理，而是由马来西亚各州管理，州水务主管部门或私营公司负责自来水的供应。马来西亚环境部（DOE）负责监测流域水质以确定主要污染源，卫生部（MOH）负责监测自来水厂进水点的原水水质。

2002 年，马来西亚实行了“一州一河”的流域综合管理（IRBM）计划，到 2015 年，河流水质达到清洁、流动、生态的Ⅱ类水质目标，恢复河流生态环境。马来西亚 2010—2050 年国家水资源政策于 2012 年 3 月 24 日正式启动，该政策遵循 3 个基本原则，即保障水资源安全、水资源可持续发展和水环境协同治理。

3.2.2　防洪排涝

由于气候因素，马来西亚在雨季经常会出现强暴雨等极端天气，造成洪涝灾害。根据马来西亚国家统计局数据，2017 年，马来西亚国家洪水事故数量为 498 例，雪兰莪州的事故数量最多，有 86 例，其次是砂拉越州（64 例）和彭亨州（61

例），而 2018 年洪水事故数量增长到 844 例。

马来西亚防洪主要依靠兴修水坝、天然河道、泄洪通道和洪水滞留池塘等工程举措。但由于河道被非法侵占，沿河社区拒绝搬迁，许多河流改进工程计划推迟或者搁浅，兴修大坝也被国内认为是不环保的方案。同时，由于施工引起的沉降和侵占，天然河流渠道化，涵洞和矮桥等建筑物的阻碍以及人类其他活动使河流的行洪能力也在无形中大幅下降，这不仅加剧了洪水对马来西亚居民的威胁，还间接导致了河水水质恶化。表 3-2 为 2015—2018 年马来西亚主要的洪水灾害事件。

表 3-2　2015—2018 年马来西亚主要的洪水灾害事件

时间	影响地区	描述
2014 年 12 月—2015 年 1 月	东南亚、南亚	因东北季风的影响，印度尼西亚、西马来西亚、泰国南部和斯里兰卡地区遭遇洪涝灾害，影响超过 41.7 万人
2015 年 1 月—2015 年 2 月	马来西亚东部	沙巴州和砂拉越地区发生了洪水，约有 13 878 人受到影响
2016 年 2 月—2016 年 3 月	马来西亚	砂拉越、柔佛州、马六甲和森比兰部分地区因暴雨遭受了洪水袭击
2016 年 12 月—2017 年前期	泰国南部	泰国南部的洪水影响了马来西亚的吉兰丹州和丁加奴州，损失达 40 亿美元，主要是对农业、旅游业和基础设施的影响
2017 年 11 月	马来西亚槟城	因热带气旋造成的山洪迫使槟屿地区约 3 000 人撤离
2018 年 1 月	马来西亚	每年的东北季风带来了暴雨，导致了洪水，特别是在柔佛州、丁加奴州、彭亨州和沙巴州，洪水导致全国约 1.2 万人流离失所

3.2.3　水资源

马来西亚水资源相对丰富，年地表径流量为 5 660 亿 m^3，地下水量约为 640 亿 m^3，每年可获得的水资源总量约为 5 800 亿 m^3。

马来西亚水资源总体上虽然很丰富，但各州之间的水资源分布却不平衡。降水在马来西亚的分布不均匀，使得有些地区遭遇了干旱，而有些地区则发生洪涝灾害。特别是在吉隆坡、雪兰莪州和普特拉贾亚等城市和地区，尽管拥有热带气候和丰富的水资源，但现在却面临着水资源短缺问题。

马来西亚的气候主要受厄尔尼诺—南方涛动（ENSO）现象和印度洋偶极子（IOD）的影响，这导致该国的气候变化剧烈和极端天气频发。马来西亚于 1997—1998 年在厄尔尼诺现象的影响下发生了严重的干旱问题，对该国产生了重大的影响。随着全球气候变化加剧，在人口众多的城市地区，如巴生、柔佛州、雪兰莪州、西海岸和马来西亚半岛的南部半岛，年平均降水量呈下降的趋势；吉兰丹河、东北部海岸、彭亨河、霹雳州、吉打河和丁加那河等地区的年平均降水量有所增加。

世界资源研究所评估表明，2007—2025 年，马来西亚平均每人每年可再生水供应量将从 22 100 m^3 下降到 10 000 m^3。如果水资源得不到保护，马来西亚未来也会被列入贫水国家。

马来西亚的用水供应 81%来自河流，17%来自水库，其他来自地下水和跨流域调水。随着全球极端气候频繁出现，极端干旱天气对马来西亚河流流量和水位的影响频次越来越高，同时马来西亚的河流取水量受到土地利用和开发程度的影响，导致河流水质不符合标准，自来水厂因此停止运营。马来西亚相应的工程措施遭到国内公众和非政府组织的强烈反对，因此内陆的水资源开发利用没有得到有效的推进。部分水资源较丰富的州政府认为新建水库将淹没大片土地，水库建成后周边土地开发将受到限制，造成土地资源浪费，马来西亚水资源调蓄矛盾将成为其未来发展面临的关键问题之一。

3.2.4 水生态环境

由于城市发展，马来西亚河流污染较为严重，对水资源的可持续利用产生了不利影响。根据马来西亚 2016 年发布的《环境质量报告》显示，在 477 条受监测的河流中，只有 47%的河流被列为清洁河流，其余河流处于轻微污染（43%）和污染（10%）状态。而 2017 年的监测数据显示，清洁河流的比例正在下降，仅 46%的河流被归类为清洁河流，43%的河流为轻微污染，11%的河流为污染状态。

马来西亚修建了约 8 000 个污水处理厂、17 000 km 长的污水管道、50 万个家庭化粪池，形成了庞大的污水处理网络。为了更好、更有效地满足人们的卫生服务需求，政府也一直在鼓励社会资本建造污水处理系统。但马来西亚水污染事件仍然频繁发生，影响了城市的可持续性发展。仅在 2019 年的前 9 个月，由于雪兰莪州塞门尼河的原水水源被污染，自来水厂被迫 4 次停止运营，影响了雪兰莪州和雪邦等地的 204 个地区和 37 万多名居民。

工业的快速发展导致沙巴州和砂拉越地区成为马来西亚最大的水处理需求市场，南部和东部沿海地区也拥有较大的市场份额，尤其是在宣布清洁班台和槟城工业园区的项目之后，未来水处理需求市场将持续扩大，预计沙巴和砂拉越地区的水处理需求最高，其次是南部和东部沿海地区。

3.2.5 总结

马来西亚的水安全政策有在河道下游储存水资源的倾向，在河道下游和沿河兴建蓄滞洪区是马来西亚一种新的防洪理念。即利用现有的天然池塘建设蓄滞洪区来调节流量，并不涉及水面面积的变化。当自然池塘储水空间用尽时，疏浚形成的新蓄水空间会储存另一部分雨洪，这在一定程度上会缓解雨季带来的洪涝灾害问题。

马来西亚需要修建跨流域的调水工程，但因自身能力不足，需要外界提供一定的技术支持。雨水收集是马来西亚解决未来水资源匮乏的途径之一，需要采用创新的技术解决方案，使雨水收集成为供水系统的集成部分。

随着与水环境保护相关的法律法规的施行，马来西亚工业废水处理在未来将受到监管，超滤和反渗透等技术领域的需求预计将增加，同时市政污水处理设施也存在新建和升级需求。马来西亚国家污水公用事业公司（IWK）计划未来将小型污水处理厂改建为集中式的大规模污水处理厂以降低运营成本，这需要先进的工艺和技术以及管理经验。

3.3 缅甸

缅甸是东南亚最大的国家，位于亚洲东南部、中南半岛西部，并处于连接南亚和东南亚的重要战略位置。东北部与中国毗邻，东南部与老挝和泰国交界，西北部与印度、孟加拉国相接，西南部濒临安达曼海与孟加拉湾，海岸线长达 3 200 km。其国土面积约为 67.65 万 km^2。缅甸约有 5 441 万人（2020 年），68% 为缅族。

3.3.1 水安全管理机制

缅甸主要由农业、畜牧和灌溉部（MOALI）、交通和通信部（MOTC）以及自然资源和环境保护部（MONREC）3 个部委负责水安全的管理。MOALI 负责农业灌溉水质的管理；MOTC 负责河流湖泊的水质管理；MONREC 负责总体环境问题，因此也负责水生态系统的管理。缅甸水安全管理体制见图 3-1。

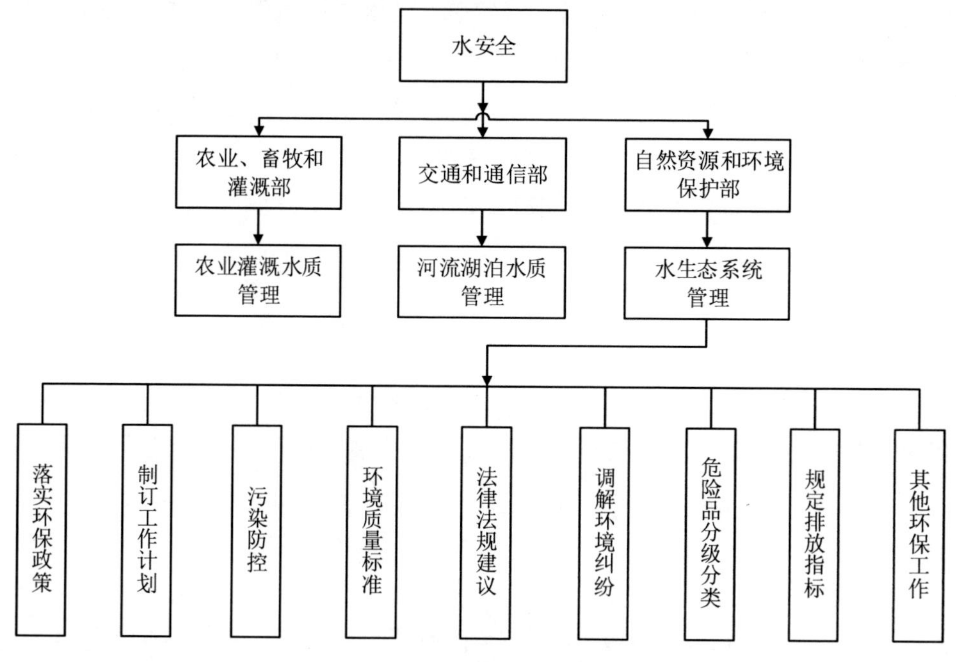

图 3-1　缅甸水安全管理体制

缅甸政府于 2006 年 10 月 2 日制定颁布了《水资源与河流保护法》，之后又于 2012 年 3 月 30 日颁布了《环境保护法》，把水资源的开发利用纳入法治轨道。2013 年 7 月，为了加强缅甸的水资源管理能力，促进国家发展，改善民众生活水平，缅甸政府根据总统令成立了国家水资源委员会（National Water Resources Committee，NWRC），由副总统担任主席，交通和通信部的 28 位资深专家组成专家组。NWRC 主要负责水资源管理相关的各级部门、组织之间的协调事宜，为缅甸建立起一套综合的协调机制，对一切水资源相关的活动进行监督、审查、指导以及支持，以实现全方位的水资源治理。目前，NWRC 依靠其完善的综合水资源管理系统，致力于使缅甸成为一个具有发达水资源管理水平和水资源可持续发展的节水国家，帮助缅甸实现水资源的全面治理、综合水资源管理，助力水行业的发展。

缅甸积极参与澜湄水资源合作活动以及与湄公河流域有关的其他区域性合作，如澜沧江—湄公河商船通航协调联合委员会（JCCCN）、大湄公河次区域

（GMS）等，并以对话伙伴的身份加入湄公河委员会。在澜湄水资源合作方面，中国、缅甸、柬埔寨、老挝、泰国、越南6国于2016年3月共同建立了澜湄合作机制，缅甸与中国于2019年11月5日签署了《水资源合作备忘录》。缅甸积极参与《澜沧江—湄公河合作五年行动计划》（2018—2022年）的制定，不仅全力支持五年行动计划的实施，更为水资源开发项目寻找潜在的财政资源，并希望能够通过澜湄水资源合作，开展更多知识分享和技术交流、水资源数据分析、共同研究以及能力建设活动等项目，共同打造面向和平与繁荣的澜湄地区国家命运共同体。

3.3.2 防洪排涝

缅甸是一个洪涝灾害频发的国家，主要洪涝灾害可分为四类：第一类是河流三角洲洪涝灾害；第二类是突发性洪涝灾害，主要由山区强降雨造成，持续时间为1～3 d；第三类是地方性洪水灾害，主要由暴雨和地方性基础设施（如下水道）不足等造成的局部洪灾；第四类是沿海洪灾，是由台风和风暴潮导致的沿海地区洪涝灾害。根据国际灾害流行病学研究中心（CRED）国际灾害数据库统计，2000—2015年缅甸发生各类重大自然灾害30次，其中洪涝灾害发生多达15次。2015年7月，受持续强降雨和台风“科门”（KOMEN）的影响，缅甸发生大范围洪涝灾害和多处地质灾害，洪水殃及缅甸大部分国土面积，洪涝灾害造成至少117人死亡，160多万人受灾，39万多hm^2农田被损毁，大量电力、交通和通信等设施被毁坏。

缅甸面临的防洪排涝问题十分严峻，从地理条件上讲，缅甸南部伊洛瓦底江三角洲地区是洪涝灾害易发区，大多数沿海地区的居民生活在海岸附近平坦的土地上，遇到洪涝时没有地方可以撤离。另外，由于经济和技术因素，缅甸的防洪设施和洪涝预警系统技术非常薄弱，缅甸沿海地区的许多房屋都没有任何针对洪涝灾害的保护措施，传播预警信息的基础设施也相当缺乏。端迪运河是连通仰光河与伊洛瓦底江的人工水道，该运河始建于1883年，全长35 km，由于缺乏定期维护，日积月累的淤泥已导致河床增厚、面积缩小。每年雨季，河水上涨所引发的洪水泛滥使当地数万人受灾，大量农田被洪水冲毁。

3.3.3 水资源

缅甸属于热带季风气候，国土的大部分在北回归线以南，地处热带，小部分在北回归线以北，处于亚热带，年平均气温为 27℃。环绕缅甸东、北、西三面的群山和高原宛如一道道屏障，阻挡了冬季亚洲大陆寒冷空气的南下，而南部由于没有山脉的阻挡，来自印度洋的暖湿气流可畅通无阻。

缅甸降水量丰沛，降水多集中在 5—10 月，占全年降水量的 90%～95%，大部分地区年降水量达 4 000 mm 以上，中部为雨影区，年降水量不足 1 000 mm，是缅甸的干燥地带。

缅甸地表水资源量约为 1 082 km^3，地下水资源量约为 495 km^3，具体分布见表 3-3。

表 3-3 缅甸地表水资源分布

流域名称	流域面积/10^3 km^2	地表水资源量/km^3	地下水资源量/km^3
伊洛瓦底江（上游）	193.3	227.92	92.6
伊洛瓦底江（下游）	95.6	85.8	153.25
萨尔温江	158.0	257.92	74.78
钦敦江	115.3	141.29	57.58
若开邦	58.3	139.25	41.77
锡唐河	48.1	81.15	28.4
丹那沙林地区	40.6	130.93	39.28
湄公河	28.6	17.63	7.05
总计	737.8	1 081.89	494.71

资料来源：缅甸国际水资源管理。

缅甸国内河流密布，主要河流有伊洛瓦底江、萨尔温江、钦敦江和湄公河，支流遍布全国。伊洛瓦底江为缅甸第一大河，发源于缅甸北端边境山区，是缅甸文明的摇篮，被称为“母亲河”。伊洛瓦底江流域面积为 43 万 km^2，水量充沛，水流平缓，从北向南依次流经克钦邦、曼德勒和仰光等 6 个省份，最后从仰光注入印度洋，全长 2 200 km，总落差为 4 768 m，全河平均比降为 2.13‰，入海口平均流量为 13 600 m^3/s。萨尔温江为缅甸第二大河，发源于中国西藏东部唐古拉山脉，由云南潞西出境进入缅甸，在缅甸境内的长度 1 660 km，流域面积约 20.5 万 km^2，经过掸邦、克耶邦、克伦邦和孟邦，最后由莫塔马湾归入印度洋。湄公河由西双版纳进入缅甸，主要流经缅甸掸邦与老挝、泰国的边境线。

缅甸境内湖泊众多，包括茵道支湖、茵莱湖、密铁拉湖、甘多基湖、茵雅湖等。其中茵莱湖以其独特的生物多样性和文化以及巧妙的漂浮园艺农业而闻名。茵莱湖海拔为 885 m，位于缅甸中部掸邦高原的西边缘，中心位于北纬 20°34′、东经 96°55′。该湖周边村庄人口众多，产业丰富，包括浮岛、渔业、金银业、棉织业、铁匠业、贸易和运输以及电力行业等。然而由于人们大量使用除草剂、杀虫剂、杀菌剂和肥料以及酒店和度假村的不合理开发，导致茵莱湖内含有大量的重金属和碳酸盐，富营养化严重。

虽然缅甸国内河流湖泊众多，淡水资源丰富，然而受季风气候和地形的影响，水资源在时间和空间分布上并不均匀。从水资源的季节分布来看，热带季风气候导致干湿季节明显，其中约 90%的降雨集中在 5—10 月。从地区分布来看，山地和沿海多雨区年降水量高达 3 000～5 000 mm，而中部干旱地区仅为 600～1 400 mm。同时，受气候变化的影响，缅甸遭受极端天气的频率很高，由于普遍的贫困和落后的基础设施，缅甸抵抗自然灾害的能力极为脆弱。所以，水资源分布的季节性和地区差异与水利设施的不完善，导致了缅甸水旱灾害频发。

缅甸水资源主要用于农业区水稻的种植，为了保障每年 2～3 个作物周期的种植，需要较大灌溉用水量。除了灌溉，缅甸水资源还要用于城镇供水和工业用水。缅甸水资源总量及用途见表 3-4。

表 3-4 缅甸水资源总量及用途

序号	用途	数量/（10^6 m^3/a）	占比/%
1	总量	33 230	100
2	灌溉和牲畜用水	29 575	89
3	市政用水	3 323	10
4	工业用水	332	1

资料来源：FAO，2014。

3.3.4 水生态环境

缅甸农村地区的环境建设与民生设施落后，导致水安全问题极为突出，腹泻、痢疾和伤寒等水源性疾病频繁暴发。部分农村地区的饮用水还存在较为严重的类金属砷、锰、铁等金属离子及氟化物超标情况。农村居民主要利用水塘蓄积雨水，多数水塘是当地村民自行开挖而成，缺乏必要的防护措施和周期性维护。水塘规模较小，水环境容量有限，雨季形成的高强度地表径流，对水塘堤岸冲刷造成侵蚀，同时携带附近区域的泥沙、悬浮颗粒物汇入塘中，造成水体污染。旱季降水量小且分散，无法有效补充水塘水量，水塘有限的储水量难以长期提供足量的饮用水。个别村庄的水塘受近岸海水入侵的影响，水质常年不稳定。

受技术经济条件影响，缅甸城市污水处理设施存在规模小、负荷率不足、覆盖率低、处理成本偏高等诸多问题。①缅甸污水处理缺乏稳定的资金支持，作为社会公益性事业，成本较高，利润较低；②缅甸污水处理相关技术落后，与发达国家差距较大；③缅甸污水收集管网配套不足，污水处理设施进水浓度和负荷率偏低，大量污水未经有效处理就直接排放进入环境。此外，缅甸在 2014 年制定的饮用水标准草案一直沿用至今，目前在生活用水、农业用水、水产养殖用水、娱乐用水及工业用水方面均没有相关的水质标准。

很多经济更为落后的农村地区受经费、技术、人员、设备等方面条件的制约，缺乏科学有效的水质检测体系。水处理工艺相对简单且缺乏最为重要的沉淀、过滤、消毒等环节，无法进行适时的水质监测。由于缅甸对饮用水大多采用最原始的漂白粉消毒的方式，或进行应急性和季节性消毒，导致饮用水的水质指标和保证供给率都无法达到合格标准。

农村地区水塘饮用水安全存在较大的安全隐患。首先，水塘系统储水量较小，水资源承载力有限，无法满足当地村民旱季基本的饮用水需求；其次，水塘以单塘为主且面积较小，水体难以流动，仅能在风力的作用下形成极其微弱的推流，导致水体自净能力较弱，对污染物的处理能力无法应对极端气候条件下污染物输出多变的特性。

3.3.5 总结

缅甸洪涝灾害繁多，地形复杂，经济、科技、教育落后，因此，一方面需要向发达国家学习经验，得到发达国家经济和技术上的帮助；另一方面也需要与发展中国家进行经验交流，特别是与邻国和相似国家及地区交流经验，以便吸取相关经验，在备灾、灾害风险防范和减灾救灾等方面避免不必要的损失。中国和缅甸作为“一带一路”重要合作伙伴，在防洪排涝方面进行合作能够给两国人民带来福利，也是未来应该重点推进的合作内容。此外，即使是防洪排涝工作，也需要对缅甸进行深入的社会文化研究，特别是民间文化和宗教信仰方面的研究。

在水资源保障安全方面，缅甸应根据当地的用水习惯和存在的主要问题，采用适合热带地区干湿强烈交替环境的技术方案，利用复合控制手段来增加系统对流域地表暴雨径流的拦截效应，增大系统的储水空间，扩大水源涵养容量，强化水体净化功能，搭配低维护、低能耗的慢滤净水工艺，从水质和水量两方面保障当地饮用水安全。基础弱、底子薄是缅甸对外开放的现实条件，而在新的时代背景下，缅甸对外开放更有可能积聚后发优势，实现跨越式发展。

在水生态环境安全方面，缅甸应因地制宜，就地取材。由于缅甸农村条件简陋、经济落后、村民受教育程度低且几乎没有固定收入来源，所以不宜在当地推广能耗高、操作维护频繁、药剂消耗量大的水处理技术和装备。因此，建议缅甸农村地区水塘采用中国较为成熟的生态水塘方法，根据地层分布构建深浅不一的多级水塘，并利用开挖土方构筑水塘护坡，在水塘外构筑截流沟，在水塘内侧缓坡设置植被缓冲带，并在水塘底部构筑环沟，全方位保障水塘水质安全。针对缅甸水利基础设施落后的状态，可借力“丝路基金”、亚洲基础设施投资银行（亚投行）的资金支持，增加对缅甸的农田水利工程、污水治理处理设施、内河及港口基础设施建设等领域的投资。

3.4 巴基斯坦

巴基斯坦全称为巴基斯坦伊斯兰共和国，是南亚的一个国家。巴基斯坦是世界上第五人口大国，总人口为 2.20 亿人（2020 年），国土面积为 881 913 km^2。巴基斯坦大致可分为三大地理区：北部高地、印度河平原（包括旁遮普省和信德省）以及俾路支高原。巴基斯坦南部沿阿拉伯海和阿曼湾有 1 046 km 的海岸线，东与印度接壤，西与阿富汗接壤，西南与伊朗接壤，东北与中国接壤。西北部与塔吉克斯坦被阿富汗的瓦罕走廊隔开，还与阿曼有一条海上边界。

3.4.1 水安全管理机制

巴基斯坦水利部（Ministry of Water Resources）是巴基斯坦政府的一个联邦级别的部门，由总理沙希德·哈坎·阿巴西于 2017 年 8 月 4 日创建。该部门由巴基斯坦水利部部长领导，包括 5 个科室（行政科、水务科、水电科、项目科和财务科），其下分别设置了首席工程顾问办公室/联邦防洪委员会主席办公室（CEA/CFFC）、水力电力开发局（WAPDA）、印度河系统管理局（IRSA）、印度河流域巴基斯坦专员（PCIW）以及一些与水安全相关的委员会（ICID、ICOLD、

PANCID）。

CEA/CFFC 是巴基斯坦政府水利部下属的一个机构，为水利部提供工程问题的咨询服务，包括防洪、大坝安全、灌溉、排水和水电等国家级工程问题。

WAPDA 的任务是以有效的方式开发水电资源以及供水分配。在供水分配过程中，WAPDA 是第一领导部门，负责规划和建设灌溉基础设施，并提供人力和财政资源支持。最初，巴基斯坦从水源到田间水渠的灌溉和排水都是由省级灌溉部门管理，直到 1997 年通过新的法案后，成立了各种职能机构，包括省灌溉和排水局（PIDA）、地区水务局（AWB）、农民组织（FOO）、河道管理协会（WCA）。

IRSA 的职责主要是根据各省之间的协议管理和监督印度河水源的分配，并提供与此相关的附属事项服务。

PCIW 是印度河常设委员会的一部分，该委员会是由印度和巴基斯坦的官员组成的双边委员会，是为了执行和管理《印度河水务条约》而设立的。该委员会主要负责印度河的日常维护和管理交流，并在两国之间开展合作。

3.4.2 防洪排涝

巴基斯坦是一个洪涝灾害频发的国家，根据伊斯兰堡联邦洪水委员会（2014 年）的报告，在 1950—2014 年，巴基斯坦发生的规模洪水使 11 900 多人失去了生命，国家累计遭受了约 380 亿美元的经济损失。

巴基斯坦现存的大多数堤坝防洪设计标准为 25 年一遇，在 2010 年发生的洪水中，斯瓦特河、喀布尔河以及印度河的最高水位都远高于有记录以来的最高水位，达到了 100 年一遇。目前使用的洪水管理方法对如何应对超过设计极限的洪水没有明确规定，无法有效控制雨季洪水的威胁。巴基斯坦对防洪工程建设维护所投入的财政资金很少，财政政策的约束也影响了社会资本的投资意愿，使得防洪工程的运行状况不能得到有效的保障。巴基斯坦现存防洪堤的设计标准大多为 25 年一遇，而针对 50 年、100 年或 1 000 年一遇的大洪水则需要更高的防洪工程投资。

巴基斯坦洪水预警系统（FEWS-Pakistan）是在国家洪涝灾害保护项目下，由荷兰的 Deft Hydraulics（现在的 Deltares）帮助开发的，该系统于 1990 年开发，2007 年完成。FEWS-Pakistan 基于水文模型（SACRAMENTO）和水力模型（SOBEK）对巴基斯坦的洪水进行预报和预警。虽然 FEWS-Pakistan 已经正式投入使用，但它并没有得到充分的利用。FEWS-Pakistan 仍需要增加塔贝拉、曼格拉和马瑞拉等水文站的河流汇入水文图，同时，水力电力开发局主张将该系统的覆盖范围扩大到印度河和奇纳布河的上游，并强调着重改善降雨预报能力。只有及时进行定性和定量的气象预报，FEWS-Pakistan 才能被充分利用，为预测洪水及其规模提供足够的时间。

3.4.3 水资源

巴基斯坦全境属于亚热带草原和沙漠型气候，总体炎热干燥，降水稀少，年降水量少于 250 mm 的地区面积占全国总面积的 3/4 以上，即使印度河平原区年降水量也仅在 15～300 mm。

巴基斯坦的河流主要发源于喜马拉雅山脉和喀喇昆仑山脉的冰川，有 5 条较大的河流，分别是杰赫勒姆河、奇纳布河、拉维河、萨特莱杰河和印度河，见表 3-5。其中，杰赫勒姆河、拉维河是杰纳布河的支流，最终汇入萨特莱杰河，并流入印度河。

表 3-5 巴基斯坦境内主要河流

河流名称	流经国家	河长/km	流域面积/km^2	耕地/km^2
印度河	中国、印度、巴基斯坦、阿富汗	2 900～3 200	1 165 500	168 593
杰赫勒姆河	印度、巴基斯坦	722	56 762	20 854
拉维河	印度、巴基斯坦	638	36 113	24 671
奇纳布河	印度、巴基斯坦	1 124	173 138	88 698
萨特莱杰河	中国、印度、巴基斯坦	1 553	141 916	58 634

巴基斯坦大约 2/3 的灌溉用水和家庭用水来自印度河流域。其中，大部分地下水资源在印度河平原，这片平原长约 1 600 km，占地面积为 21 万 km^2，从喜马拉雅山麓一直延伸到阿拉伯海，每年可提供约 1 700 亿 m^3 地表水和 710 亿 m^3 地下水。

由于人类生产生活、气候等多方面的变化，巴基斯坦正面临着地表水和地下水资源严重紧缺的问题。地表水和地下水资源的主要来源是降雨和冰川溶解，而巴基斯坦地区降水量小，地表水和地下水的来源十分有限，致使全国各地都存在严重的干旱状况。同时，人口的快速增加、大力进行农业开发和现代工业对现有可用水资源造成污染，水务部门的治理和管理不善使水安全问题更加严重。

巴基斯坦在 2017 年 5 月 2 日召开的共同利益委员会会议上讨论了《国家水资源政策》，指出巴基斯坦人均可用地表水资源由 1951 年的 5 260 m^3 下降至 2016 年的 1 000 m^3，随着人口的快速增加，巴基斯坦水资源紧张的局面将继续加剧，预计到 2025 年人均可用地表水资源将下降至 860 m^3，这将给农业生产和人民健康的饮用水保障带来巨大压力。

2018 年，巴基斯坦最大的 2 座水坝（Tarbela 和 Mangla），至少有两次接近其死水位。因没有足够水利基础设施来调蓄水资源，巴基斯坦的储水能力最多只能支撑 30 天，这不仅限制了旱季的可用水量，而且在雨季也更易发生洪涝灾害。同时，现有水库的淤积问题也变得更加复杂，降低了水库的储水能力。根据 2015 年的水文调查报告，自 Tarbela 大坝投入使用以来，其库容已经下降了 35%。

巴基斯坦的国内经济以农业经济为主，农业产值占国内生产总值的 26%，用水量占全国总用水量的 93%。巴基斯坦农作物种植面积约为 2 120 万 hm^2，主要的农作物为小麦、甘蔗、水稻和棉花，这些均属于用水量大的农作物。巴基斯坦的大部分农业地区的灌溉方法采用的是漫灌，即用河道和管井采集的水来淹没田地，这种灌溉方法的引水渠没有进行衬砌，水资源渗漏率高达 40%。巴基斯坦人均水资源可用量见表 3-6。

表 3-6 巴基斯坦人均水资源可用量

序号	年份	人口数量/10^6 人	人均可用量/m^3
1	1951	34	5 000
2	1961	46	3 950
3	1971	65	2 700
4	1981	84	2 100
5	1991	115	1 600
6	2000	148	1 200
7	2013	178	1 105
8	2015	190	1 000
9	2025	267	659

3.4.4 水生态环境

巴基斯坦工业化进程的加速给水环境造成了巨大的压力。Karachi、Sindh 工业贸易区（SITE）和 Korangi 工业贸易区（KITE）是巴基斯坦最大的两个工业区，但并未配备相应的污水处理厂，含有有害物质、重金属、油等的废水被直接排入河流。巴基斯坦注册的 6 000 多家工业企业中，有 1 200 多家属于高污染行业，包括纺织、化工、食品加工、造纸、家禽养殖、乳制品、塑料、油漆、农药、皮革、制革和制药等，上述企业大多是直接将其废水排入地表水系统，从而对水环境造成了严重污染。

巴基斯坦的废水排放总量约为每年 75.9 亿 m^3，这些废水中约 90%会直接进入水体，超标的 BOD 和 COD 负荷减少了水中的氧气含量，不仅对水质造成了不良影响，还对生物多样性造成严重破坏。据报道，拉维河的极端污染已经导致曾经存在的 42 种鱼类灭绝，而鸟类也已经迁移到其他地区生活。

湿地面积（包括自然湿地面积和人工湿地面积）约占巴基斯坦总面积的 10%，湿地中有多种植被覆盖类型，红树林是其中最具代表性的一种。红树林具有稳定海岸线，保护港口免受自然灾害，支持沿海社会经济发展，提供薪柴、饲料和其他各种产品。据估计，巴基斯坦 70%的渔业依赖红树林。尽管红树林如此重要，但巴基斯坦印度河三角洲的红树林由于 20 世纪的人类生产活动影响而大大退化。其中一个主要原因是上游居民抽取了大量印度河水用于灌溉，减少了下游的河水流量，造成海水入侵，致使红树林受到了较为严重的破坏。还有一些其他因素，如海洋和沿海地带污染、骆驼和牛的过度放牧、森林的砍伐和工业的污水排放等。

巴基斯坦不仅地表水污染严重，地下水污染现状同样不容乐观。研究发现，拉合尔和海德拉巴周边流域的地下水中砷含量很高，导致依靠地下水的 5 000 万～6 000 万巴基斯坦人面临着砷中毒的风险，在巴基斯坦的农村，与砷有关的皮肤病的发病率也很高。

3.4.5 总结

巴基斯坦的防洪基础设施存在防洪标准较低、水务基础设施薄弱且年久失修的情况，因此需要先进的防洪技术以及新建防洪基础设施来对洪水进行调蓄，在旱季能向各个用水部门进行供水。统一各省之间的堤防及堤坝设计标准、增加蓄洪大坝数量，目的是有效地降低洪峰，同时还要加强堤防的维护、监测和维修。

在洪水预报和预警方面，巴基斯坦应提高实时数据的可获取性。提高水文气象监测精度，提高对洪水预报和预警的精度。

巴基斯坦在水资源保障方面存在国家的储水体系建设不足的问题，因此需要在一些径流量比较大的河流上新建一些水利设施，如大坝。这不仅可以缓解国家的防洪压力，同时在旱季时，可以向各个用水部门供水。但巴基斯坦本国的大型水利枢纽建设的资金和人才存在不足，因此需要从有经验的国家引进相应的技术。

在农业灌溉方面，巴基斯坦的农业用水量巨大，主要是其采用的灌溉方式效率太低。因此，巴基斯坦需要积极采用新的灌溉技术，如喷灌、滴灌技术等，减少农业用水量。

巴基斯坦的水污染问题越来越严重，最主要的原因是缺乏相应的基础设施。目前巴基斯坦计划新建污水处理厂，但是缺乏资金和相应的技术。因此对于巴基斯坦来说，在防治水污染方面，最需要的是具有成本优势且高效的污水处理技术。随着越来越多的人口进入城市，城市的用水量将持续增加，产生的废水也相应增多，高效地利用生活污水的处理尾水并将其用于灌溉农田将会在极大程度上帮助巴基斯坦缓解水资源危机。

3.5 哈萨克斯坦

哈萨克斯坦共和国是中亚五国之一，也是世界上最大的内陆国，面积为 272.49 万 km^2，人口为 1 875 万人（2020 年）。哈萨克斯坦领土横跨亚欧两洲，以乌拉尔河为洲界，北邻俄罗斯，南与乌兹别克斯坦、土库曼斯坦、吉尔吉斯斯坦接壤，西濒里海，东接中国，是中亚重要的生态屏障以及中国通往欧洲的陆路贸易大通道。

3.5.1 水安全管理机制

哈萨克斯坦水安全由国家生态地质自然资源部统筹管理，在各个行政区域设立区域生态地质自然资源部分支机构管理当地水安全问题。国家生态地质自然资源部下设水资源委员会，在水资源利用和保护领域制订战略、计划并实施监管。水资源委员会下设水资源管理部、国家水资源利用与保护控制部、国家供水发展部、水设施管理运营和发展部、水土保持管理部，这些构成了哈萨克斯坦完整的水安全管理体制。各部门各司其职，由国家生态地质自然资源部统一管理。哈萨克斯坦水安全管理体制见图 3-2。

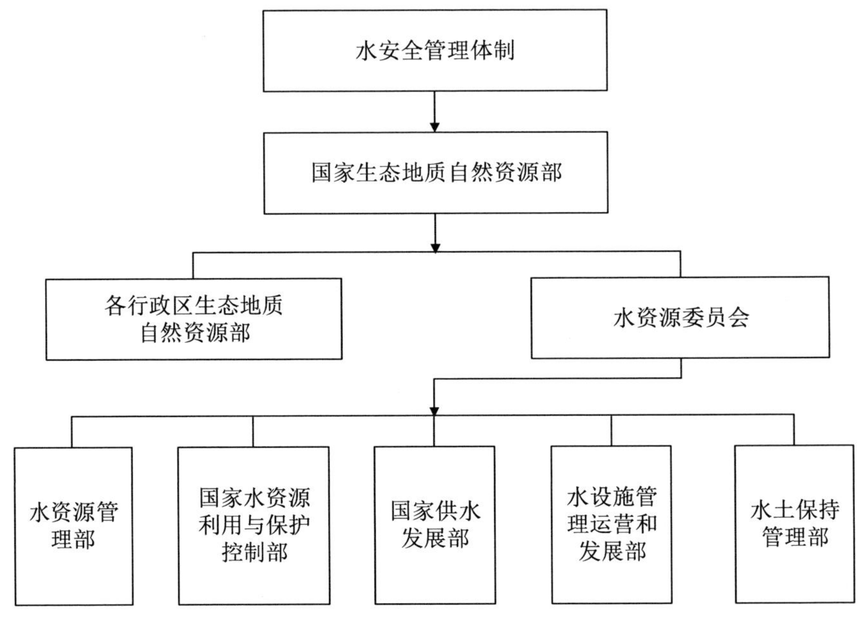

图 3-2　哈萨克斯坦水安全管理体制

3.5.2　水资源

哈萨克斯坦全国水资源年均总量约为 1 004 亿 m^3，其中本土产生的水资源量占比为 56%，境外流入的水资源量占比为 44%，单位面积可利用水资源量为 $3.7\times10^4\ m^3/km^2$，年人均可用水量为 $6.0\times10^3\ m^3$。

哈萨克斯坦境内地表水资源分布极度不均。中部地区地表水资源仅占全国地表水资源的 3%，西部及西南部地区如阿特劳州、克孜勒奥尔达州，特别是曼格斯套州水资源极度缺乏，而东部的巴尔喀什湖、阿拉湖与东北部的额尔齐斯河流域水资源较丰富，占国内形成地表水资源的 3/4，在满足当地用水量需求的同时，可为缺水地区提供补给。

哈萨克斯坦境内地下水资源分布也极不均匀，而且近一半的地下水资源集中在哈萨克斯坦南部，20%分布于哈萨克斯坦西部，剩余 30%分布于哈萨克斯坦中部、北部及东部地区。总计有 626 处地下水源被探明，总产水量约为 159.3 亿 m^3/a。

哈萨克斯坦全境被划分为八大流域，共有大小河流 1.1 万多条，大部分为内陆河和季节性溪流，河流水量主要来源于雪山化水和冬季降雪。哈萨克斯坦虽有不少河流，但很多河流只有在化雪季节才有水，夏季是干涸的。

由于哈萨克斯坦政府水费定价较低，水几乎成为一种免费资源，导致民众节水意识淡薄，水资源利用率低，每美元 GDP 需要的水是美国的 3 倍，是澳大利亚的 6 倍。

1991 年，为应对新的形势，哈萨克斯坦改变单一的棉花种植农业体系，开始转向谷物生产，这一转变主要是为了确保粮食安全以及减少灌溉用水，因为小麦需水量是棉花的一半。然而，因为小麦的产量远超棉花和灌溉效率不高等原因，并未如预期那样降低了水资源使用量。哈萨克斯坦农业用水损失率较高，全国农业用水量约为 13 400 m^3/a，其中 3 800 m^3 用于 1 400 万 hm^2 常规农田灌溉，800 m^3 用于草地灌溉，由于哈萨克斯坦各水域距农田较远，其余 8 800 m^3 是灌溉过程中人为造成的浪费与运输损失。究其原因，主要是因为农田灌溉系统效率低下、使用方法和灌溉技术不足，农业灌溉回水量不足取水总量的 1%，高效灌溉（滴灌、喷灌、离散）节水技术的使用面积约为 95.8 万 hm^2，不到灌溉土地总面积的 7%。

哈萨克斯坦工业用水量为 5 300 m^3/a，其中实际耗水量为 4 200 m^3/a，损失量为 1 100 m^3/a，不可回用水量为 1 900 m^3/a，占总取水量的 1/3。同时，只有约 20%的工业企业采用水资源循环利用技术。

哈萨克斯坦公用事业用水量为 900 m^3/a，其中城镇地区占 55%，农村地区占 11%，供水损失约占总取水量的 1/3。哈萨克斯坦城镇人口饮用水供给率为 92%～100%，农村人口饮用水供给率为 85%～92%，全国平均饮用水供给率为 93%。目前，哈萨克斯坦的饮用水质量落后于发达国家，根据国际绿色发展研究所的数据，哈萨克斯坦只有 1%的饮用水符合公认的标准，每年有 0.9%的人死于饮用水水质差或处理不当引起的疾病。

此外，哈萨克斯坦面临与周边国家之间的跨界水资源分配利用问题。境内 8 条主要河流中的 7 条属于跨界河流。水资源利用很大程度上受到中国、吉尔吉斯斯坦、乌兹别克斯坦和俄罗斯等周边国家水资源政策的影响。在跨界背景下进行水治理以及水资源管理是维护中亚地区稳定和安全的关键要素。1992 年，哈萨克斯坦就与中亚地区其他国家建立了共同利用和联合分配水资源的体制，包括国家间水资源协调委员会、国家间咸海流域委员会和联合分配水资源的体制，但都未达到预期效果。这些组织似乎更重视协调 5 国的水政策，而忽视了围绕水治理展开的区域合作，通过建立单一的水政策来推动跨界合作收效甚微。

3.5.3 水生态环境

哈萨克斯坦主要河流和主要城市的地下水水质均不理想。随着经济社会的发展，哈萨克斯坦城市规模不断扩大，用水量持续增大，排入江河湖库的污水量不断增加。由于哈萨克斯坦污水处理基础设施薄弱，全国只有29%的污水处理厂具有预处理与深度处理技术，每年约有50%的污水未经处理直接排放到水体。哈萨克斯坦河流与湖泊的主要污染物来自化工生产、炼油、机器制造和有色金属冶炼等过程，这些污染物对受纳水体和环境危害极大，境内绝大部分水体水质都达不到环境标准要求。

人类活动会对区域生态环境产生消极的影响，也会使水环境和水生态发生重大变化。哈萨克斯坦几乎所有河流都被人工修建的拦河坝截流，导致下游的径流发生了很大改变，再加上水资源的密集使用，流域水文状况和水质发生了变化。近几十年来，哈萨克斯坦工业和农业灌溉的密集取水将大量含有盐、化学物质和其他污染物的回流水排放到河流中，导致自然水体遭受化学污染的现象日趋严重，主要污染物为氮、硫酸盐、铜和苯酚。河流的水质恶化不仅是因为污水的无序排放，还因为在定居点以及草原上的农药等化学品的使用导致的面源污染。

3.5.4 总结

在提高农业用水率方面，哈萨克斯坦需要调整农业产业结构，大力发展大棚蔬菜、林果业。这样既可以减少灌溉水量，改变绿洲农业结构单一的局面，还可以提高牧业比重，减小水资源的压力，走农牧并重和农牧结合的道路。另外，要严格控制城市人口和耕地规模，走节水与高产“双赢”的农业集约化发展道路。同时，哈萨克斯坦需要高效的农业灌溉技术，要加强基础设施的建设和改造，改进现有灌溉技术，优化灌溉体系，大力推广喷灌、滴灌、微灌等现代化灌溉技术。

在提高工业用水效率方面，哈萨克斯坦引进先进的节水技术，提高工业用水的循环利用率，向行业通报可用技术及其经济效率，加强配水准入制度控制，完善用水量和水体污染物排放监测体系。

在公用事业用水方面，哈萨克斯坦须向民众宣传推广高效节水的产品和技术，同时加强供水设施的建设和运维，减少管道供水过程中的漏损。

哈萨克斯坦的水污染问题是工业、农业和生活污染直接排放导致的，也是缺乏与排污现状相匹配的基础设施导致的。因此，哈萨克斯坦应与国外资金和技术密集型企业加强合作，大力建设污水处理设施，引进先进的污水处理技术，对各类污水进行收集处理，最终实现达标排放。同时要加强污染物的排放管理，制定相应管理方法。对于农业面源问题，因其主要不是降雨而是由于灌溉方式造成的，应采取生态措施，滞留地表水，减少灌溉后尾水污染环境。

3.6 伊朗

伊朗位于亚洲西南方的中东地区，面积为 164.8 万 km^2，其中陆域面积为 163.6 万 km^2，水域面积为 1.2 万 km^2。伊朗北部与亚美尼亚、阿塞拜疆、里海和土库曼斯坦接壤，东部与阿富汗和巴基斯坦接壤，南部是阿曼海、霍尔木兹海峡和波斯湾，西部是伊拉克和土耳其。

3.6.1 水安全管理机制

根据伊朗的水法，伊朗能源部、农业部和环境部直接负责国家水资源的管理和开发，其中能源部发挥着主要作用。

伊朗能源部成立于 1936 年，主要负责管理能源供应、供水服务、污水处理和可再生能源利用，其组织架构分为 3 个层面：管理层面，通过 5 个副署制定相关的政策；具体业务层面，24 个下属部门负责编制相应的规划、评估和监督子公司的职责；操作层面，通过子公司与研发机构推进项目实施。其中，分管水资源的副署负责监督和协调水资源的规划、开发、管理和保护等工作。

对于农业灌溉，能源部负责从源头到二级灌溉渠系的水资源管理；而农业部负责地下排水沟、第三级和第四级运河以及农业灌溉渠道的水资源管理和利用；环境部负责起草环境保护政策和法律，并评估社会和经济发展重大项目，特别是灌溉项目和水电项目的环境影响，并监督其实施。

除上述部委外，卫生医学部也参与水安全管理，主要是负责对饮用水从源头到供水点的水质监测。

3.6.2 防洪排涝

伊朗是全球遭受自然灾害较严重的几个国家之一，每年有很大一部分的国内生产总值用于重建和恢复这些自然灾害所造成的损害。其中最严重的自然灾害之一就是洪涝，伊朗的许多地区尤其是河流沿线地区经常遭受洪涝灾害。由于全球变暖引起气候变化，洪水灾害事件的发生频率有逐年增长的趋势。

伊朗在 1986—2007 年，平均每年发生 113.6 次洪水，1986—1987 年是受洪水袭击最严重的年份。胡泽斯坦、克尔曼和拉扎维呼拉珊是受洪水袭击最多的省份。近 30 年发生的比较严重的洪涝灾害如表 3-7 所示。

表 3-7　伊朗近 30 年发生的较为严重的洪涝灾害

序号	名称	发生时间	危害损失
1	马苏雷洪水	1998.07.30	超过 50 人失踪，超过 1 亿美元损失
2	戈勒斯坦洪水	2001.08.10	超过 200 人失踪，超过 60 亿美元损失
3	塔杰里什洪水	1987.07.26	超过 400 人失踪，超过 70 亿美元损失
4	库姆洪水	2009.03.31	4 人失踪，超过 30 亿美元损失

伊朗每年的洪涝灾害所造成的损失比较大。一是由于不可抗拒的自然因素，伊朗地处西亚干旱地区，年均降水量少但有时却十分集中，短时间内的强降雨会对城市的排水系统产生巨大的压力，很容易发生城市内涝。同时，地表的植被稀少和陡峭的山地地形使得暴雨时山区容易发生山洪和泥石流。二是人为的因素更加不可忽视，土地性质的改变使得大量的植被被破坏，暴雨时径流雨水会侵蚀平原造成河道拥堵，河水漫过河堤淹没住宅区。三是不合理的基础设施建设和排水管网的严重缺失也是造成洪涝灾害的重要原因。

3.6.3　水资源

伊朗大多数地区属于干燥或半干燥气候，全国年平均降水量在 250 mm 以下，降水集中在 10 月至来年 4 月。伊朗国内的可再生水资源约为 1 300 亿 m^3/a，地表径流总计 920 亿 m^3/a，其中 54 亿 m^3/a 来自地表含水层。地下水补给量约为 480 亿 m^3/a，其中 127 亿 m^3/a 来自河床下渗。伊朗通过赫尔曼德河接收来自巴基斯坦和阿富汗的部分水资源，通过阿拉克斯河获得来自阿塞拜疆的水源。而每年流入海洋或其他国家的地表径流约为 55.9 亿 m^3，这个数字远大于每年流入的量。有限的水资源和不断增加的用水需求造成了新的水安全问题，并加剧了区域内各方势力争夺水源的紧张局势，在国外以及国内各省之间关于乌尔米亚等跨境水源的冲突仍在继续。

世界银行数据显示，1980 年以前，伊朗人均可再生内陆淡水资源拥有量约为

3 600 m^3，而到了 2017 年，这个数字已经不足 1 600 m^3。与此相反，取水量却在这段时间内大幅上升，1993 年的总取水量约为 70 亿 m^3，而 2004 年已经上升到 93 亿 m^3。截至 2014 年，伊朗已经使用了其可再生淡水总量的 70%，超过国际规范规定的 40%的上限，水资源短缺已经成为伊朗最严重的水安全问题。

伊朗的现代农业增长缓慢，总体灌溉效率为 33%～37%，低于全球平均灌溉效率。伊朗全国约一半的灌溉区域配备了现代化的灌溉系统，并由政府组织运营。但是这种系统的灌溉效率非常低，仅为 20%～30%，可能是因为灌溉用水是受到政府补贴的，并没有激励农民节约用水。另一半灌溉区域由私营部门经营，灌溉效率也相当低，仅为 35%。

伊朗拥有较为完善的饮用水供水网络和设施，但是由于供水管网年久失修，导致供水系统漏损较为严重，且因为水资源短缺，在夏季会存在供水中断的问题。随着工业发展和城镇化进程，地表水和地下水受污染的情况越来越严重，伊朗城市饮用水的原水质量令人担忧。

3.6.4 水生态环境

截至 2017 年，伊朗城市地区污水管网的覆盖率为 46%，农村地区低至 0.4%，有些地区污水处理率非常低，许多没有污水处理设施的城市，居民将污水直接排入雨水管道，造成地表水、地下水污染和公共卫生存在风险。在工业废水排放处理方面，伊朗工业废水平均每年的排污量约为 15 亿 m^3，其中经过有效处理的废水不到 30%。此外，污泥处理问题也十分突出，只有不到污泥总量的 40%经过处理，大部分污泥回用到耕地中，污泥中的重金属和有毒物质最终会通过食物链进入人体，造成人们身体健康问题。

伊朗西部的乌尔米亚湖是中东最大的湖泊，也是世界上最大的高盐湖泊之一，频繁干旱和上游过度用水使得湖面面积逐年萎缩。大量水分蒸发产生的盐分会对周围的农田和农民的身体健康造成重大的影响，使得该地区不再适合生存。在东部，哈蒙湖由于伊朗与阿富汗持续的边界冲突和糟糕的水资源管理而消失，缺水和沙尘暴使得该地区的一些小村庄遭到破坏。

伊朗兴建了许多大坝来利用河流的水资源，拦蓄了河流的生态流量，导致河流和湖泊断流，生物多样性丧失。地下水也在不合理的开采中遭受了严重的损害。据估计，伊朗目前已经使用了其大部分的地下水储量，政府对地下水抽取的管控力度十分有限。地下水利用的限制因素是井深和抽水能力，然而一旦地下水水位下降，农民们会挖得更深，安装更大的抽水泵。

3.6.5 总结

对于洪涝灾害的问题，伊朗首先应该建立起完善的预警和应对体系。针对城市排水系统存在的问题，一方面应该完善防洪设施的建设，发展排洪防涝的相关技术；另一方面对现有的河道，应使用堤坝、格栅等结构来对其进行防护，对淤积河道进行疏浚。

目前，伊朗由于水资源和水文数据的短缺和数据质量不高等问题，导致对水资源管理不善。因此在进行管理之前，政府部门应该对此进行评估，获取必要的数据，建立一套完整的水文数据监测、收集、整合、反馈系统，可以合理地运用在线监测技术和智慧水务的相关技术等进行构建。

由于伊朗气候较为干旱，为保障水资源的安全，需要同时做到“开源”和“节流”。发展海水淡化技术，降低海水淡化的成本；发展雨水收集和利用技术，缓解水资源危机；发展节水技术，重点发展农业节水灌溉技术和工业节水技术。同时，维护和修复现有的供水管网系统，减少破损、渗漏现象的发生。

针对水生态环境安全方面存在的问题，需要提高污水管网的覆盖率，增加污水处理基础设施，提升污水的收集率和处理率。对于人口密集的城市地区，可以推广以生物处理为主体工艺的大型城市污水处理技术；对于人口密度较小的农村，可以采用分散式污水处理技术。同时，可以在某些重要地区率先引入深度处理技术作为示范，提升出水的质量并积累相关经验。对于生物处理技术产生的污泥，也应该配套有相应的处理处置措施，可在原有的基础上重点发展污泥资源化利用技术和污泥土地利用技术。

3.7 沙特阿拉伯

沙特阿拉伯位于阿拉伯半岛，国土面积为225万 km^2，人口为3 481万人（2020年）。沙特阿拉伯东濒波斯湾，西临红海，同约旦、伊拉克、科威特、阿联酋、阿曼、也门等国接壤，并经法赫德国王大桥与巴林相接，海岸线长度为2 448 km。沙特阿拉伯是名副其实的“石油王国”，石油储量和产量均居世界首位，这使其成为世界上最富裕的国家之一。沙特阿拉伯是世界上最大的淡化海水生产国，其海水淡化量占世界总量的21%左右。

3.7.1 水安全管理机制

沙特阿拉伯环境、水利和农业部（MEWA）由原国家水电部更名而来，负责国家环境和自然资源的可持续发展，制定和实施水与粮食安全相关的规划政策。MEWA 与水安全相关的职责包括监督和发展环境、水和农业事务，提供、管理农业灌溉用水，设计、实施、运营和维护灌溉和排水项目，促进水资源的有效利用。MEWA 还负责除国家水务公司（NWC）管理的地区之外的水资源，包括水资源分配、计费以及污水的收集和处理。

NWC 是一家由政府全资拥有的股份公司，旨在根据最新的国际标准提供饮用水和废水处理服务，保障所有家庭的供水和废水处理，保护天然水资源和环境，高效使用处理后的废水。

沙特阿拉伯水资源合作公司（SWPC）成立于 2003 年，由财政部全资拥有，旨在通过与私营企业合作建立独立工厂，在常规和紧急情况下提高水的利用率，并最大限度地提高水处理所带来的效益。该公司的主要业务是从沙特阿拉伯的私营部门购买水和电，再卖给海水淡化公司，还负责海水淡化厂、净水厂、污水处理厂、储水罐和输水网络的项目招标。SWPC 在提高国家海水淡化和污水处理能力方面发挥着核心作用，肩负着实现沙特阿拉伯 2030 年国家水战略（NWS）目标的重大使命。

沙特阿拉伯人称：“石油是国家的经济命脉，而水则是国家的血脉”，足见水在国家战略地位中的意义之重大。因此，沙特阿拉伯针对水资源制定了非常健全的法律法规，禁止私人和公司对水资源任意开发，尤其是对地下水管理更严格，具有一套完整的监控体系。由国家全面统一规划部署地下水的开采量与打井数量，严禁任何个人或单位随意开采地下水。为了确保地下水的开采具有可持续性，他们严格控制布井的间距，一般以大于 1 km 为宜，同时加强地下水的深层开采以满足国家水资源的战略储备需求。

3.7.2 水资源

沙特阿拉伯地处极端沙漠环境，降雨稀少，全国平均年降水量不足 100 mm，地表水资源十分匮乏。人均水资源拥有量仅占世界平均水平的 1.2%。沙特阿拉伯地表径流多发生在暴雨季节，主要是在沿海和西南高原地区。沙特阿拉伯全国有 522 座水库，总容量为 23 亿 m^3，可促进蓄水、地表径流和地下水补给。

地下水是沙特阿拉伯重要的水资源，据估测该国每年可更新利用的地下水近950亿 m^3，占天然淡水的98%，主要包括非再生性和再生性两种含水层。世界银行相关资料表明，地下水含水层沿北向南一直伸展到阿拉伯半岛的沙漠，并向东从中心区延伸到阿拉伯海湾。有些地区深层含水层超过 1 000 m 的深度。同位素分析表明，该含水层中不可再生地下水已存在了近 10 000～32 000 年，已探明其储量达 5×10^{14} m^3。可再生的地下水主要位于西部和西南部，划归于浅层潜水冲积含水层，其水主要源于降雨和河流入渗补给。

海水淡化提供的水量占沙特阿拉伯耗水量的50%，截至2020年10月，沙特阿拉伯共有33座海水淡化厂，由沙特阿拉伯海水淡化公司（SWCC）运营，该公司是一家政府经营的组织，负责沙特阿拉伯约69%的海水淡化（560万 m^3/d）和20%的全球海水淡化。SWCC 是全球最大的淡化水公司，其生产系统中使用了最低能耗的技术。今后沙特阿拉伯将继续大力开发海水淡化厂，以满足不断增长的城市用水需求以及因减少对地下水和地表水的依赖而导致的用水短缺。

沙特阿拉伯的海水淡化产业给环境和能源安全带来了巨大压力。根据世界银行2013年的一份报告，沙特阿拉伯每天燃烧150万桶原油生产淡化水以及发电。此外，海水淡化对环境有重大影响，包括将盐水和其他化学物质排放到海洋中会对海洋环境造成危害，二氧化碳和其他有害气体的大量排放也会造成空气污染。

沙特阿拉伯人均用水量为263 m^3/d，是全球平均水平的2倍。该国曾启动卡特拉（Qatrah）计划，要求公民大幅减少用水量，其目标是到2020年人均用水量下降到200 m^3/d，2030年降至150 m^3/d。该计划拟减少农业部门对地下水的消耗，并减少政府对谷物生产的奖励政策。但农田灌溉的用水量仍然没有下降，因为生产者转向收益更高的农作物，仍然需要大量的水。此外，沙特阿拉伯正在推进其红海项目，旨在每年吸引100万名游客到其海滩度假村，这也意味着不断增加用水量，每天将使用5.6万 m^3 的水。

3.7.3 水生态环境

污水未经处理直接排放是沙特阿拉伯面临的主要问题之一。因为污水处理厂的容量不足，并且雨水排放系统与污水管网相连，所以当来水量超过污水处理厂负荷时，未经处理的废水在高峰期就会直接排放。沙特阿拉伯部分城市缺乏完善的污水管道，导致废水未经处理便排放到周边环境中。如沙特阿拉伯的第二大城市吉达市东部山区 Al-Musk 湖是一个用作污水倾倒的人工湖，每天大约有800辆油罐车向湖内倾倒 4 万 m^3 的废水。Hakami 等研究发现，Al-Musk 湖废水中的重金属（Pb、Cd、As、Cu、Co 和 Hg）浓度高于沙特阿拉伯和世界卫生组织标准，必须关闭 Al-Musk 湖或者对其进行物理和化学处理以达到安全标准的水平。

沙特阿拉伯城市垃圾未进行有效分类，垃圾回收利用难度较高，90%的城市垃圾被直接丢弃到垃圾填埋场，导致垃圾填埋场产生了大量可生物降解的垃圾，而这些垃圾原本可以用于堆肥。此外，多数垃圾填埋场未进行环境影响评价以及渗滤液处理，造成地下水污染严重。

沙特阿拉伯地下水污染形势严峻，地下水的持续开采导致地下水水质恶化。2015 年的一项研究发现，哈伊勒地区地下水大多数水质参数超过了国家和国际标准的规定，同时还检测到高浓度的铁（Fe）和铅（Pb）。Mallick 等对沙特阿拉伯阿西尔地区的地下水水质进行了研究，在研究区域内共采集了 62 个地下水水样并在实验室中进行了物理化学参数分析，以评估其是否适合饮用和灌溉。试验结果表明，30.8%的样品水质较差，不适于饮用；约有一半的样品水质不适合用于灌溉。Alfaif 等研究了沙特阿拉伯南部的重金属污染情况和地下水水质，结果表明，仅有 20%～52%的地下水样本适用于农业灌溉和家庭供水，其中水质不良的地区主要分布在红海沿岸的西部。

沙特阿拉伯的海岸线长度超过 3 500 km，其中长度超过 2 400 km 的海岸线位于红海沿岸，其余海岸线位于阿拉伯湾。海岸沿线存在的石油化工、电力和海水淡化活动以及其他工业活动造成了海水污染，影响海洋环境和人类福祉。重金属通过排污口、石油、化学试剂和沉积物等不同来源进入海洋环境，对海洋生态系统和依赖海洋资源获取食物、工作和娱乐的人们构成严重威胁。

3.7.4 总结

地下水方面，沙特阿拉伯现存的监测站不足以全面了解该地区地下水现状，需要加强和扩大地下水监测系统以保护地下水质量。污染物、水文地质条件和监测数据等信息应当公之于众。

沙特阿拉伯人均用水量过高，节约用水迫在眉睫。目前需要更加健全的水价政策，但应该更注重控制水的消耗量。社区工作人员应提高认识从而高效和有效地管理地下水。负责水管理的机构，无论是政府组织还是非政府组织，都应该互相合作。国际合作对沙特阿拉伯来说意义重大，国际组织和研究人员的参与有利于提高地下水质量管理实践。

灌溉用水方面，沙特阿拉伯可以通过农业实践多样化的政策来减少农业灌溉对水的需求，不应该鼓励用水密集型作物的种植。应鼓励使用现代灌溉方法进行农业灌溉，同时估算作物需水量。对于超过作物需水量的用水者，应对过度使用的水进行收费。同时采用先进的灌溉技术，提高农业用水的效率，减少农业用水回流污染地下水。

利用现代信息技术，建设智慧城市，是当今世界城市发展的趋势，更是城市生态文明建设的重要内容。沙特阿拉伯有84%的人口居住在城市地区，需要具备精细化的水务管理和较高的业务协同能力，才能保障城市居民的幸福生活。

3.8 肯尼亚

肯尼亚位于非洲东部，赤道横贯中部，东邻索马里，南接坦桑尼亚，西连乌干达，北与埃塞俄比亚、苏丹交界，东南濒临印度洋，国土总面积为58.26万km^2，人口为5 095万人。2020年国民生产总值为958亿美元，人均GDP为1 782美元。

3.8.1 水安全管理机制

肯尼亚面临着固、液、气废弃物管理不善，树木等森林资源非法盗伐，象牙、犀角等野生动植物制品非法猎取，湿地等水系生态系统遭受侵蚀，采砂采石行为无序混乱，气候变化等众多环境问题。为合理管理和改善环境，肯尼亚政府于1999年颁布国会法案——《环境管理和协调法案》，并沿袭至今，旨在为环境管理提供相应的法律和体制框架。肯尼亚建立了由《肯尼亚宪法》（2010年）、《肯尼亚环境管理法案》（1999年）及各领域法律文件《野生动植物法案》（2013年）、《森林法案》（2005年）、《水资源法案》（2002年）组成的较为完善的环保法律框架；通过空气、水源、废物管理、环境影响评估进行监管。

《环境管理和协调法案》由国家环境理事会设立，该机构负责制定政策和发布相关指示，以实现《环境管理和协调法案》的目标，并设立国家环境保护目标。该法案为环境管理及相关事务建立了相应的法律和体制框架，于2000年1月14日生效，强调环境是国家、经济、社会、文化、精神进步的基础。

针对水资源管理的问题，肯尼亚政府专门成立了国家水资源管理战略组，为水资源的管理、存储、使用和控制等问题提供指导，并对给水及排水服务实施管制。肯尼亚已经在2006年拨付了11.5亿肯尼亚先令用于储水项目的建设，包括在干旱地区修建水坝。

肯尼亚在发展计划中并未重视对自然灾害防护能力的提升，直到1997年因为厄尔尼诺现象发生了大型洪涝灾害之后，肯尼亚才于1998年1月成立了国家灾害控制中心。1999年6月，肯尼亚与联合国灾害管理专题小组合作，共同成立了肯尼亚灾害管理行动组织，以应对频繁发生的干旱和洪涝灾害。此外，肯尼亚已经着手防洪抗旱工程的建设工作，主要的几个灾害防护工程位于维多利亚湖流域的恩佐亚河、雅拉河、尼扬多河、库贾河以及内罗毕河和塔纳河的下游地区。

3.8.2　防洪排涝

肯尼亚经常受到洪涝灾害的影响，这迫使成千上万生活在低洼地区的人们迁移到地势更高的地方。有记录表明，肯尼亚主要的洪涝灾害发生在1937年、1947年、1951年、1957—1958年、1961—1962年、1978年和1997—1998年。其中1961—1962年和1997—1998年发生了较为严重的洪灾，前者泛滥于卡诺平原、雅拉沼泽和维多利亚湖周边的低洼地区，使维多利亚湖水位上涨1.3 m，造成了250 km^2的洪涝区；后者则迫使肯尼亚政府拿出大约1.514亿美元用于救灾，给肯尼亚造成了严重的经济损失。在内罗毕这样的重要城市，在河流附近非法建造的贫民窟地区也不能幸免于洪灾。另外，西部地区的尼扬多河在雨季时河堤溃堤问题也经常发生。

肯尼亚的过度开垦、过度放牧、砍伐森林和气候变化导致沙漠逐渐扩大，使洪涝灾害更加严重，各类调蓄水工程、水利工程严重缺乏，防洪措施十分有限。因此，需要修建大量的水利工程，这对资金和技术要求比较高，还涉及民族、宗教和移民等问题。在国际河流上兴建水利工程，还需要协调流域内其他国家。解决城市内涝问题需要水利、市政、交通、国土等职能部门通力合作，对资金和技术的要求也比较高。

3.8.3　水资源

肯尼亚年均降水量为530.3 mm，降水随地域变化很大，北部、东北部的沙漠和半沙漠区常年干燥少雨，与东南部相比年降水量偏小，仅为250～500 mm。肯尼亚国内地表水资源量为246亿m^3，地下水资源量为6.19亿m^3，人均可利用水资源量为651 m^3。肯尼亚供水能力和卫生水平均较低，据初步估计，在城市和农村分别只有65%和45%的人口才能获得安全用水。肯尼亚全国目前淡水总量只有210亿m^3，水资源匮乏源于自然供给有限，加之人口不断增加，人均占有水资源量越来越小，2020年人均水资源占有量仅为399 m^3，远低于全球人均水资源占有量1 000 m^3的基准。肯尼亚部分地区依靠机井开采地下水作为公共供水、农业灌溉、家庭生活、工业生产以及牲畜饮水之用。随着人口日益增加，人们对水资源的需求也与日俱增，现有的地下含水层随之枯竭，尤其是在城市地区。

肯尼亚雨水利用率较低，相关法律法规尚未形成体系，政府尚无开展有关雨水利用规划以及工程建设的资金投入计划。具体表现在：①肯尼亚的雨水利用工程分布比较集中，数量少，规模小，大部分干旱缺水地区基本无雨水利用的设施。②雨水利用的方式和途径单一，肯尼亚的雨水利用工程模式基本是“屋面集流+储水罐+供水管”，对道路路面、荒坡、岩面以及其他自然集流面的利用很有限，人工集流面的建设还没进入试验阶段，储水工程的形式和材料单一。③雨水利用的技术水平较低。肯尼亚的雨水利用工程目前依然存在着系统性不强、雨水利用工程设施之间的匹配不高、区域性规模设计水平低、雨水利用发展模式的研究欠缺、水质安全设施及水质检测评价空缺等问题。④雨水利用事业的发展无规划。肯尼亚尚无有效地组织开展雨水利用方面的工作，政府投入不足、发展雨水利用的基础建设薄弱、缺乏有效的组织与管理、技术落后、资金渠道匮乏、社会及民众意识淡薄。

3.8.4 水生态环境

肯尼亚是一个农业大国，且工业化进程缓慢，所以其水环境污染并不严重。但是随着城镇化的进程，肯尼亚城市生活人口越来越多，许多城市在兴建居民小区时很少考虑垃圾与污水的处理问题，随着城市化进程的加快，肯尼亚的污染问题日益突出。在肯尼亚这样一个工业化水平不高的国家，工业污染问题尚不严重，但城市化对生态环境造成的威胁同样对肯尼亚的可持续发展构成严重挑战。

3.8.5 总结

在防洪排涝方面，肯尼亚应加强重点地区水利基础设施的建设，调蓄雨洪水，缓解雨季洪涝灾害，预防和解决可能出现的洪灾。

合理、高效、可持续的利用雨水资源需要高水平的管理和硬性的政策法规支持。肯尼亚的雨水利用工作的发展方向仍需进一步探讨、借鉴和完善。要加强管理与专业技术人员的能力建设，提高管理水平，加强淡水资源危机宣传，唤醒全体公民的节约用水意识，积极开展农田农业节水措施的研究、示范及推广工作。

肯尼亚城市的人口越来越多，而其排污及处理设施十分不足，因此，需要在市政基础设施建设方面发力，引入先进高效的污水处理技术，同时因为水资源短缺，需要引进污水回用的处理技术。

第 4 章　水安全技术集成

水安全涉及的细分方向众多，笔者基于“一带一路”沿线国家水安全概况及其需求，以防洪排涝、水资源、水生态环境为三大方向，开展水安全管理方法与技术的整理、分析、集成工作。主要技术来源有环境保护部《国家环境保护工程技术中心成果案例汇编（水领域）》（2017 年）、环境保护部《水污染防治先进实用技术汇编》（2014 年）、科学技术部《海水淡化与综合利用关键技术和装备成果汇编》（2015 年）、科学技术部《水污染治理先进技术汇编》（2011 年）、水利部《国家成熟适用节水技术推广目录（2019 年）》、广东省科学技术厅《广东省水污染防治技术指导目录》（2017 年）、深圳市科技创新委员会《深圳市水污染防治技术指导目录》（2018 年）。

4.1　防洪排涝

4.1.1　“海绵城市”技术

海绵城市是指像海绵一样在适应环境变化和应对自然灾害方面具有良好“弹性”的城市。海绵城市的特点是在下雨时吸收、储存、渗出和净化水，并在必要时释放和使用储存的水。海绵城市建设应遵循生态优先的原则，将自然处理方式与人为干预措施相结合，在确保城市雨水资源利用的前提下，最大限度地积累、渗透和净化城市雨水，促进雨水资源的利用和生态环境保护。

2019 年 11 月，水利部发布了《国家成熟适用节水技术推广目录（2019 年）》，主要包括水循环利用、雨水集蓄利用、管网漏损检测修复、农业用水精细化管理、用水计量与监控 5 类节水技术；2018 年，深圳市科技创新委员会发布了《深圳市水污染防治技术指导目录》，包括城镇污水治理、工业废水治理、面源污染治理、水生态修复技术等水污染防治技术。笔者从上述材料中选取海绵城市相关技术进行整理与分析。

4.1.1.1　雨水削峰除污与资源化技术

（1）技术内容

雨水削峰除污与资源化技术是利用水力学原理，通过对设备结构的巧妙设计，在无须外部动力条件下，将初期雨水和后期雨水进行分离，通过模块化生物滤料的截留、吸附和生物降解，削减雨水中的污染物，并通过滤料层的缓慢渗滤作用就地补充地下水。与国内外其他技术相比，其具有节地、防洪调峰、控制污染、雨水利用、维护简单、成本低等优点，可去除初期雨水中约 70%的 COD、SS、NH_3-N、TP、Cr、Cu、Zn 等重金属，实现原位净化补给地下水；清洁后的雨水可直接补充河道，充分利用雨水资源。

（2）适用范围

雨水削峰除污与资源化技术适用于海绵城市建设、初期雨水污染物削减、面源污染控制、雨水利用、防洪排涝。

（3）主要技术指标

雨水削峰除污与资源化设施的建设投资约为 6 000 万元/km^2，基本无运行成本，可去除初期雨水中约 70%的 COD、SS、NH_3-N、TP 和 Cr、Cu、Zn 等重金属，雨水的利用率可达 80%。

4.1.1.2　砂基雨水收集利用系统

（1）技术内容

砂基雨水收集利用系统是基于砂基透水滤水的技术及产品、砂基透气防渗技术及材料和“类 A2/O”蜂巢式多级自净化技术与设施，构建了“渗、滞、蓄、净、用、排”六位一体砂基雨水综合利用系统。该系统由“收集过滤、储存净化、渗透回补和溢流排放”4 个子系统创新集成，采用分布式建设模式，就地收集蓄存雨水，消纳地表径流洪水，实现蓄水防涝，同时由于该技术具有蓄存自净化功能，水质主要指标可达到地表水Ⅲ类标准，可用于绿化灌溉、景观补水及洗车循环利用等，实现雨洪资源化利用。

（2）主要技术指标

砂基雨水收集利用系统的投资约为 7 600 万元/km^2，年运行成本约为 10 万元/km^2。储存雨水 24 h 后取样，经第三方检测，出水水质：SS≤15 mg/L、COD_{Cr}≤

20 mg/L、DO≥5 mg/L，水质主要指标达到地表水Ⅲ类及以上标准。雨水的利用率可达 85%。

（3）适用范围

砂基雨水收集利用系统适用于建筑与小区、市政道路、公园绿地、雨水湿地、河湖水系、偏远山区等地，实现雨水的收集、过滤、净化、渗透、滞蓄、回用的功能。

4.1.1.3 雨水收集—渗透—循环利用系统

（1）技术内容

雨水收集—渗透—循环利用系统收集屋面雨水，经过雨水过滤装置，干净雨水通过侧边过滤网进入雨水罐进行回用；雨水经过截污、弃流、过滤预处理，初期雨水被弃流排至污水井，同时前端大粒径的杂质被拦截。雨水收集池采用蓄水模块进行蓄水，通过压力控制泵和雨水控制器将雨水送至用水点。同时雨水控制器实时反映雨水蓄水池的水位状况，保证雨水到达用水点。将雨水管改变为渗透渠，在周围回填砾石，利用渗透渠使得雨水透过土壤层进行渗透。

（2）主要技术指标

对于城市中心密集的居民区，雨水收集—渗透—循环利用系统建设的投资约为 9 000 万元/km^2，年运行成本约为 20 万元/km^2；收集到的雨水经过截污、弃流、过滤预处理，可除去 90%的污染物，主要指标达到地表水Ⅲ类及以上标准；雨水的利用率可达 75%；通过雨水收集利用可用于绿化灌溉等，每年可节约总用水量的 20%～30%；有效补充地下水资源。以深圳市为例，1 000 m^2 汇水面积补充地下水约 20 m^3。

（3）适用范围

雨水收集—渗透—循环利用系统适用于建筑与小区（居民区、公共建筑区、厂区）及广场公园、绿化地、工业园区等。

4.1.1.4 “息壤”雨水收集再利用技术

（1）技术内容

“息壤”生态多孔纤维棉是集“渗、滞、蓄、净、用、排”于一体且支持植物生长的新型雨水调蓄材料。生态多孔纤维棉雨水调蓄模块埋设于土壤中，一般用于控制受纳汇水面的外排水量，其保水性良好，支持植物生长，且排放无须借助外力，有助于雨水就地消纳和利用，能够把每一栋建筑改造成应对雨洪灾害的海绵细胞；产品具备分散、集中线性安装特点，有助于构建分布式径流控制方案，实现地表径流的点线面控制。

（2）主要技术指标

对于城市中心密集的居民区，“息壤”雨水收集再利用系统的投资约为 6 500 万元/km^2，基本无运行成本；雨水中悬浮物去除率＞85%；雨水的利用率可达 50%。

（3）适用范围

“息壤”雨水收集再利用技术适用于城市道路、高密度城区、老旧小区、建筑与小区、公园、校园、运动场和广场等工程中，以及生态海绵雨水工程中的道路径流非绿地下沉线性控制、轻质化雨养型绿色屋顶、雨蓄型生态树池和线性排水等。

4.1.1.5　环保型道路雨水口技术

（1）技术内容

针对传统地面雨水进水口无法去除初始径流，导致地表污染流经收集系统下游或直接排入河流的问题，环保型道路雨水口技术开发了一套新型环保道路雨水进水口去除初始径流的功能，包括雨水篦子和路面下方的内部空间，在雨水篦子下设置过滤桶。该项技术可去除 80%以上污染物，对面源污染入河具有良好的控制效果。

（2）主要技术指标

环保型道路雨水口设施的投资约为 8 000 万元/km^2；需要定期进行清掏，年运行成本约为 8 万/km^2。初雨污染物拦截效率可达 80%，减少污染负荷；人工成本低，清掏雨水口次数少。

（3）适用范围

环保型道路雨水口设施适用于小区的地面雨水口及城市道路的雨水口，这大大减少了雨水面源污染。

海绵城市技术对比见表 4-1。

表 4-1 海绵城市技术对比

序号	技术名称	投资成本	运行成本	工艺成熟度	运行管理难易程度	污染物去除效果	雨水利用率	防洪效果	适用范围
1	雨水削峰除污与资源化技术	投资约为 6 000 万元/km^2	运行成本较低	技术较为成熟	运行简单	可去除初期雨水中约 70%的 COD、SS、NH_3-N、TP 和 Cr、Cu、Zn 等重金属	雨水的利用率可达 80%	对初期雨水可实现原位净化和原位回补地下水，对干净的后期雨水可自动排放，直接补充河道水体，实现了雨水资源的充分利用	海绵城市建设、黑臭水体治理、面源污染控制、雨水利用、防洪排涝
2	砂基雨水收集利用系统	投资约为 7 600 万元/km^2	年运行成本约为 10 万元/km^2	技术成熟	运行简单	储存雨水 24 h 后取样，经第三方检测，出水水质：SS≤15 mg/L、COD_{Cr}≤20 mg/L、DO≥5 mg/L，水质主要指标达到地表水Ⅲ类及以上标准	雨水的利用率可达 85%	收集的雨水可用于实现绿化灌溉、景观补水及洗车	适用于建筑与小区、市政道路、公园绿地、雨水湿地、河湖水系、偏远山区等地，实现雨水的收集、过滤、净化、渗透、滞蓄、回用的功能
3	雨水收集—渗透—循环利用系统	对于城市中心密集的居民区，投资约为 9 000 万元/km^2	年运行成本约为 20 万元/km^2	技术成熟	运行较简单	收集到的雨水经过截污、弃流、过滤预处理，可除去 90%的污染物，主要指标达到地表水Ⅲ类及以上标准	雨水的利用率可达 75%	①通过雨水收集利用可用于绿化灌溉等每年可节约总用水量的 20%～30%； ②补充地下水资源，以深圳市为例，1 000 m^2 汇水面积补充地下水约 20 m^3	适用于建筑与小区（居民区、公共建筑区、厂区）及广场公园、绿化地、工业园区等

序号	技术名称	投资成本	运行成本	工艺成熟度	运行管理难易程度	污染物去除效果	雨水利用率	防洪效果	适用范围
4	“息壤”雨水收集再利用技术	对于城市中心密集的居民区，投资约为 6 500 万元/km^2	运行成本较低	技术成熟	运行简单	雨水中悬浮物和污染物去除率＞85%	雨水的利用率可达 50%	支持植物生长，有助于雨水就地消纳和利用	适用于城市道路、高密度城区、老旧小区、建筑与小区、公园、校园、运动场和广场等工程中，以及生态海绵雨水工程中的道路径流非绿地下沉线性控制、轻质化雨养型绿色屋顶、雨蓄型生态树池和线性排水等
5	环保型道路雨水口技术	8 000 万元/km^2	需要定期进行清掏，年运行成本约为 8 万/km^2	技术较成熟	运行简单	可削减道路面源污染 80%以上	拦截的初期径流可在 24 h 内通过入渗土壤排空，综合雨水的利用率可达 50%	补充地下水，解决初期污水污染问题	适用于小区的地面雨水口及城市道路的雨水口，大大减少雨水面源污染排入下游河道。对于所拦截的初期径流可在 24 h 内通过入渗土壤排空，从而不影响下一场雨初期径流的拦截

4.1.2 管网漏损检测与修复技术

城市排水管网是重要的基础性设施，承担着城市排水的收集、运输和处理。在长期使用过程中，由于管道冲刷腐蚀、地基变形、道路负荷加重以及施工影响等，造成排水管道存在结构性和功能性缺陷，其运行情况直接影响城市的安全。同时，排水中普遍存在雨污混接以及地下水渗入问题，对污水输送和处理效率也有较大影响。

2019 年 11 月，水利部发布了《国家成熟适用节水技术推广目录（2019 年）》，主要包括水循环利用、雨水集蓄利用、管网漏损检测修复、农业用水精细化管理、用水计量与监控 5 类节水技术。笔者从中摘取部分管网漏损检测修复相关技术进行整理与分析，可推动我国管网漏损检测与修复技术“走出去”，同时为“一带一路”沿线国家进行技术选择时提供参考。

4.1.2.1 供水管网系统智能化管理——监管控节水云平台

（1）技术简介

监管控节水云平台系统从取水到用水最后到排水，包含一系列智能化监管措施，包含“对给水、用水的在线实时监控”“给水、用水综合 AI 管控”“给水、用水应急指挥与调度”“在线实时水量平衡分析”“给水水压 AI 调控”“给水管网漏损检测与分析”“给水、用水预警预报”“终端用水各项指标管控”等各用水单元的管控。既实现了给水、用水管理的可视化、信息化与智能化，也实现了安全稳定的供水，及时有效地避免了管网的漏损，同时提高了给水、用水的应急和预警预报能力。

（2）主要技术参数

①数据采集速率达到 100 ms/次；

②实时/历史数据库的处理能力达到 10 万点/s 以上；

③历史数据库的存储压缩比达到 30∶1 以上，其保存期大于 10 年。

（3）适用范围

监管控节水云平台适用于不同建筑内供水管网系统中给水、用水、排水的水务智慧用水节水管理。

4.1.2.2 供水管网渗漏报警平台

（1）技术简介

供水管网渗漏报警平台通过安装在供水管网上的探漏仪采集管道振动数据，

并将之传输到数据分析平台，通过人工智能技术，发现异常自动报警，同时通过终端设备进行可视化呈现。该设备具备低成本、自供电、无人值守、数据无线自动远距离传输等特点。适用于用水人口基数大、用水量高、地下管网长度较长且封闭的大型园区或独立用水计量区域。

（2）主要技术参数

①硬件指标：可探测范围为 0～150 m；当地下温度为 –15～70℃能正常工作；探漏仪传感灵敏度不低于 1 400 pc/（m/s^2）。

②软件指标：管网漏水报警；漏点记录，展示漏点出现时间、地点、漏损情况及修复情况。

③经济指标：典型规模下的单价 10 万元/km，典型规模约为 10 km；运行费用约为 1.8 万元。

（3）适用范围

供水管网渗漏报警平台适用于用水人口基数大、用水量高、地下管网长度较长且封闭的大型园区或独立用水计量区域。

4.1.2.3　管网爆管溯源与防护关键技术

（1）技术简介

管网爆管溯源与防护关键技术通过稳态水力模型和迭代关键水力组件的瞬态水力模型，实现精确定位和爆管溯源分析。合理配置水击防护关键阀门和水力组件、优化调度策略，减少新增爆管频率和漏损。部件通过自身物理特性感知环境变化，同时利用物理特性完成防护动作。水力实验室开展了水力组件性能的评估验证，标准实验口径的泵提升系统和重力流系统的水力模型仿真与实时监测数据的实验研究，为输配水工程水击防护和漏损控制提供技术支撑。

（2）主要技术参数

①管网新增爆管频率降低 30%；

②管网漏损率降低 5%；

③管网系统运行能耗降低 3%。

（3）适用范围

管网爆管溯源与防护关键技术适用于长距离调水工程、城镇水务工程、农业灌溉、城乡供水一体化、工业给排水等工程的泵站、管线、管网系统。

4.1.2.4 供水管网漏损治理管理系统

（1）技术简介

供水管网漏损治理管理系统基于 NB-IoT 技术与计算机信息技术，结合水务专业理论，打造了开放且具有自我模型优化能力的智慧漏损治理平台。通过该平台，可以完成水务采集、异构数据、分散数据的整合，通过对海量数据信息及时采集、分析与处理，建立了水务生产调度模型、管网 GIS 监测模型、管网压力监测模型、居民表后漏损监测模型、城市管网漏损监测模型、供水预测模型等水务监测模型。达到预警、预测、及时治理等效果。实现精细和动态的管理，支持用户的整个生产、管理和服务流程。

（2）主要技术参数

以某基准日均供水量 21.09 万 m^3 为例，基准日均管网漏损率为 37.64%，日均漏失水量约为 7.94 万 m^3，预计到 2020 年，管网漏损率控制在 12%，节约水量为 6 205 万 m^3。

（3）适用范围

供水管网漏损治理管理系统适用于城市管网漏损治理与管网节水管理领域。

4.1.2.5 管道漏损修复技术——特制复合纤维黏接法

（1）技术简介

特制复合纤维黏接法是一种新型输水管道非开挖现场固化内衬修复工艺，是在管道外部浸渍特种复合纤维布和特种树脂，送入待修管道补强，手工粘贴在管道壁。在自然条件下固化形成高强度衬板状复合材料，同时通过特殊树脂与原管壁黏合，形成具有同步受力结构加固方法。固化后的特种复合纤维板具有较高的抗拉强度。它能承受管道内的水压力、管道外的土压力和可能发生的管道变形压力，从而增加了管道的承载能力。

（2）主要技术参数

特制复合（TFRP）纤维板的主要拉伸强度、最小伸长率、拉伸弹性模量等参数按《建筑结构加固工程施工质量验收规范》（GB 50550—2010）和《定向纤维增强聚合物基复合材料拉伸性能试验方法》（GB/T 3354—2014）进行测试。通过现场拉拔试验测试了 TFRP 纤维板的正向拉伸附着力，测试结果合格。

（3）适用范围

特制复合纤维黏接法适用于管材为钢、混凝土、玻璃钢、塑料、铸铁管、PCCP 管、玻璃管等新型材料的供水管道裂缝、渗水等破损故障的修复等。

管网漏损检测与修复技术对比见表 4-2。

表 4-2　管网漏损检测与修复技术对比

序号	技术名称	优点	主要参数	适用范围
1	供水管网系统智能化管理——监管控节水云平台	使供用水管理实现可视化、信息化、智能化的智慧管理，实现了安全稳定地供水，减少和避免了管网的漏损，同时提高了供用水的预警及应急管理能力	数据采集速率 100 ms/次；实时/历史数据库的处理能力达到 10 万点/s 以上的吞吐量；历史数据库的存储压缩比达到 30∶1 以上，历史数据保存期不小于 10 年	机关、学校等单位供水管网系统中供水、用水、排水的可视化、信息化、精细化、智能化、一体化的水务智慧用水节水管理
2	供水管网渗漏报警平台	低成本、自供电、无人值守、数据无线自动远距离传输	可探测范围 0～150 m；地下温度为 –15～70℃能正常工作；探漏仪传感灵敏度不低于 1 400 pc/(m/s^2)；典型规模下的单价 10 万元/km，典型规模约为 10 km；运行费用约为 1.8 万元	用水人口基数大、用水量高、地下管网长度较长的封闭的大型园区或独立用水计量区域
3	管网爆管溯源与防护关键技术	精确定位和爆管溯源分析，合理配置水击防护关键阀门和水力组件、优化调度策略，减少新增爆管频率和漏损	管网新增爆管频率降低 30%； 管网漏损率降低 5%； 管网系统运行能耗降低 3%	长距离调水工程、城镇水务工程、农业灌溉、城乡供水一体化、工业给排水等工程的泵站、管线、管网系统
4	供水管网漏损治理管理系统	达到预警、预测、及时治理等效果，实现精细和动态的管理	基准日均管网漏损率为 37.64%，日均漏失水量约为 7.94 万 m^3，预计到 2020 年，管网漏损率控制在 12%	城市管网漏损治理与管网节水管理领域
5	管道漏损修复技术——特制复合纤维黏接法	固化后的特制复合纤维板具有较高的抗拉强度，增加了管道的承载能力	TFRP 纤维板的主向抗拉强度、最小延伸率、拉伸弹性模量、正拉黏接力等参数检测结果均合格	管材为钢、混凝土、玻璃钢、塑料、铸铁管、PCCP 管、玻璃管等新型材料的供水管道裂缝、渗水等破损故障的修复等

4.1.3 市政排水管网布置与优化方法

随着“一带一路”沿线各国城市建设规模日益扩大，人口数量不断增加，生活污水和工业废水排放量也逐年递增。只有加强对市政排水管网的建设，制定完善的规划方案，对排水管网的设计进行优化，这样才能保证污水和废水得到有效的排放和治理。目前各国市政排水管网还存在一些问题，要对其进行合理的规划与布置，明确设计思路和设计方法，充分发挥出排水管网的作用，促使污水顺利排放。

（1）整体规划

城市管网总体规划应与城镇发展总体规划相结合，城市的道路建设、住宅建设与排水管网设计等许多工程都与城镇总体发展规划有密切的联系。在城市管网规划中，规划者应具有全局意识，首先要确保排水管网符合城市发展要求，对排水管网进行合理规划设计，及时解决设计中存在的问题。为了体现动态设计的理念，在管网定线工作完成后，有必要根据城市的发展对工作重心进行调整，同时还要考虑其他因素对管网建设的影响。由于排水管网投入使用后要持续运行很长一段时间，如果不能合理规划，或者不能保证管网的使用寿命，就会影响城市的发展。因此，在城市总体规划工作中，必须对水量进行合理预测，为满足城市发展需要留出空间。

在城市排水管网规划中，一是要确保规划工作与城市发展相适应，以城市实际情况为主要依据，进行排水管网总体规划。了解现有的排水设施，确保城市污水得到合理排放，避免污染环境。二是根据周边地质条件，合理设置排水管网。三是制订短期工作计划及长期工作计划，确保所有已纳入规划范围的污水排放。建立合理的污水量预测指标。四是以维护生态环境为目标，制订科学合理的污水排放计划。

（2）市政排水管网的布置

城市排水管网布置应考虑地形、土壤等因素的影响，分为平面布置和立面布置。平面布置类型会受到当地地形、地貌的影响。平面布置类型主要包括平行式排水、正交式排水、分区式排水、小区排水。这 4 个排水通常需要互相结合进行设计。设计人员需要了解不同布置类型的优点，以提高排水网络的耐久性。在进行立面布置时，应与城市的垂直规划相结合，确保流域内的所有污水均能顺利排放。应留出一些空置土地，以满足后续城市的发展需要。合理降低工程造价，结合环境条件、施工条件等因素，合理设计高程布置方案。

（3）合理选择市政排水体制

市政排水管网设计应选择合适的排水方式，以保证污水的有效排放。在进行污水排放时，排水系统将面临一定的考验。在排水管网建设中，可采用分流系统和合流系统相结合的方式，提高污水排放效率。如果城市生活污水和工业废水较多，可以选择合流制。这样不仅能提高污水的处理效果，还能保证水质和环境。设计人员还可以采用分流系统，发挥排水系统的灵活性，有效改善环境，满足人们的需求。

合流系统和分流系统的选择和使用要慎重考虑。由于两种排水系统各有优、缺点，设计者应相互借鉴，提高排水管网的安全性和可靠性。例如，合流系统管道比较简单，施工比较简单，可以减少排水管道与其他管道交叉的问题，但是如果遇大雨天气，而建筑物设有地下室，排水管中的污水可能会回流到地下室。

（4）市政排水管网的优化设计

①优化管线平面布置。

在设计布置排水管网时，必须考虑污水流量。路线必须准确，以降低项目成本。设计人员应尽量选择直干管进行布局设计，减少转弯次数，确保污水自动排入污水处理厂。减少泵站数量，优化设计方案，选择较短的排水管网线路。

②优化管道间距。

由于市政排水管网建设受多种因素影响，在施工过程中，如果管道与建筑物的净距不符合标准，将影响施工进度。为了保证各种管道的安全，必须加强对管道的保护，如设置套管和管沟，确保管道之间的距离合理。

③优化管道。

排水管网的质量可能会受到管道材料和性能的影响。不同材料的排水管具有不同的性能，应根据不同的施工需要选择合适的管道。设计人员应考虑管道的承载能力，根据管道接触的土壤和实际施工要求，科学地选择管道材料，以保证材料满足排水的要求。还可以使用新型管道，如新型塑料复合管。

④排水管网建设与计算机有机结合。

在建设排水管网时，必须充分发挥计算机技术的作用。为了有效提高污水排放效率，有必要根据不同地区的情况，积极分析各种数据，优化排水管网。利用计算机技术可以采集各区域的排水频率信息，以便及时调整方案，确保管网合理铺设。在计算机技术的支持下，设计人员的工作压力将会得到缓解，工作效率将得到提高。

4.1.4 合流制管网雨污分流改造方法

社会经济的不断发展加快了城市化的进程。在城市化进程中，新城区如雨后春笋般涌现，老城区急需改造。其中，在旧城改造过程中，雨污分流联合排水管网改造一直是业界公认的技术难题。联合管网改造的技术方法有如下几种：

（1）市政道路合流制排水管网雨污分流改造

①改造成完全符合当前城市规划的综合排水管网。如果只有一条雨水管或排水管，则需要根据规划在市政道路上修建一个联合排水管网，并将原污水管道连接到新设计的污水管上。

②不符合城市规划现状合流制排水管网规划。如果只有一条污水管道，原则上可以作为雨水管道，然后根据污水排放标准和要求新建一条污水管道，将污水接入新设计的污水管道；如果有两条排水管道，两条排水管道上有很多雨水进口，这两条管道也可以用作雨水管道；如果雨污水管道相对完好，则在雨水管道连接不正确的情况下，应保持现有排水系统。雨水接入点可连接至污水管。

③市政污水管网用户接入点应严格按照合流制排水管网的基本要求，纠正和核实错接、乱排现象，重新铺设雨污水管道，将区域内的雨污水全部排放。在重新布置的组合式污水管网中，市政管网改造方案如图 4-1 所示。

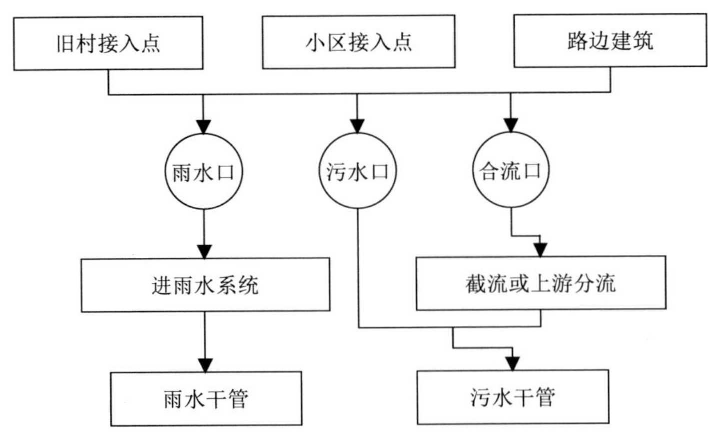

图 4-1 市政管网改造方案

（2）居住区与公共建设区联合排水管网雨污分流改造方法

居住区主要分为新城区和旧城区两部分。正常情况下，新城区道路宽阔规整，联合排水管网条件良好，完全能够满足雨污水管网建设。相反，在大部分旧城区，由于建设初期的各种客观原因，组合排水管网的铺设条件较差，组合排水管网的改造可借鉴新城区的做法。

①对于已实现合流制排水管网建设的新城区，原则上保留现有的合流排水管网，认真检查排水无序现象，一旦发现及时纠正。检查该区域的污水管排放口是否正确连接到已建立的污水管系统。如果仍未接通，应及时将污水管接入新铺设的污水管网系统中。

②对于合流制基础设施相对完善的老社区，保留现有排水管道作为雨污水排水管道，并将排水管道接入市政雨污水排水管网中，实现区域内雨污水分流排放。还必须仔细检查雨水和污水是否存在错误连接，一旦发现混流，应及时纠正，并在地面上重建相应的雨污水排放口。

③对于道路混乱、狭窄、渗透性差、地基薄弱的老社区，如果按照合流制排水管网进行改造，将导致这些老房子的结构出现轻微裂缝，使房屋倒塌。通常保留现有排水管道。对于一些具备改造条件但雨污水排水管径较小的社区，需要修建一个合流制管网系统，并将截污井设置在联合排水管网的出口处，并与之相对应。排放口接管示意图见图4-2。

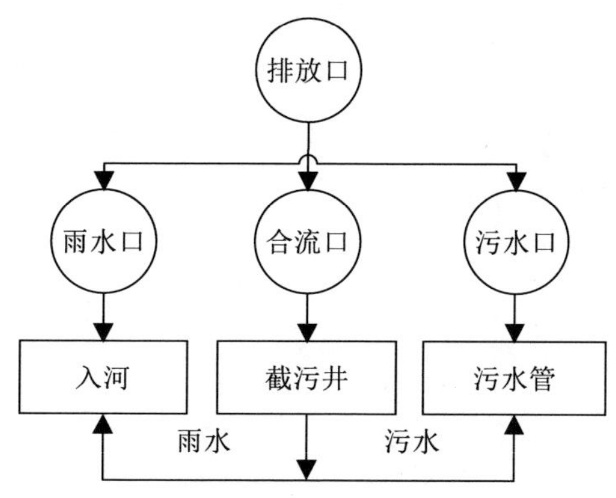

图4-2 排放口接管示意图

（3）工业园区合流制排水管网雨污分流改造方法

①如果改造区域内的合流制排水管网管径较小，埋深较浅，可先考虑作为临

时污水管，然后新建一条雨水管，再与联合管的雨水出口连接。

②如果改造区的综合排水管网直径大，埋深较深，首先要考虑将其作为临时雨水管道，然后新建一条污水管道，并将其连接到联合排水管网的污水接入点，重新连接新建污水管道。

③如果改造区域内的合流制排水管网采用明渠形式，或者在具体改造过程中没有预留条件，则应先取消该排水管网，再设计建设更完善的雨污系统。

（4）建筑立管合流制排水管网雨污分流改造方法

①合流制立管的改造。污水管采用原合流排水管网，拦截原合流立管集水沟，新增雨水管，将屋面收集的雨水排入附近检查井和雨水管网。

②将雨水立管重建至地面。改造原连接化粪池的管道，用专业工具切断雨水立管，设置45°弯头连接附近雨水出口和检查井。

③将雨水管道改为地下型，在原有污水立管直接分散排放至地面的联合排水管网内设置检查井，在此基础上对联合排水管道进行改造。

（5）截流井设计

首先设置截流井，这是合流制排水管网雨污分流改造的准备工作之一。常见的截流井主要包括槽式截流井、堰式截流井以及槽堰结合式截流井。排水管网高程允许时，应选择槽式截流井。在雨季，合流制排水管网能否稳定运行，截流井起着不可忽视的重要作用。但是，由于大量雨水流入，可能会导致排水不良或漏水等安全事故。基于此，常用的限流方式是在截流管上安装流量调节阀、水力旋流器阀或浮子式流量调节阀，每种安装方式都应配备专用设备。用于水量较大的截污干管，以及一些小型截污干管，可采用一种较为简单的限流方式，即在小型截污干管处设置泄流槽，并根据施工现场实际情况调整闸板高度，拦截部分污水进口，以达到限流的根本目的。

4.1.5 洪水预警预报方法

洪水预警预报方法从简单到复杂可以分为落地雨预警方法、流量预警方法、预报降雨预警方法、基于人工智能和大数据驱动的新一代水文模型。4 种方法的研究具体如下：

（1）落地雨预警方法

采用水位流量反推法计算临界雨量是落地雨预警方法的关键步骤。具体计算方法为：第一步，需要假设降雨与洪水同频率，由暴雨洪水计算方法计算得到不同频率下的设计洪峰流量；第二步，需要根据设计洪峰流量和频率关系曲线，找出不同频率下的设计暴雨量；第三步，根据造成洪涝灾害的流量频率对照不同时段的临界雨量。采用该方法，我们需要依据对应雨量监测站的实时雨量数据对比计算得到的临界雨量，从而可以判断出预警状态。

落地雨预警方法由于其计算方法比较简便，同时对应的预警指标包含不同的时间尺度，是我国县级山洪灾害预警最常用的预警方法，但由于大多数流域前期影响条件复杂，通过落地雨进行预警的预警精度较差。

（2）流量预警方法

流量预警方法计算步骤如下：第一步，需要得到计算区域控制断面的水位流量数据，用以绘制水位和流量的关系曲线；第二步，需要依据不同重现期洪水的调查结果，推算出不同典型频率下的设计洪水量，得到造成灾害流量及造成灾害的水位。采用该方法时，需要用到落地雨的预测结果，结合计算区域的水文模型计算方法，从而求出目前时刻的洪峰流量值，最后与预警流量对比来判断洪水预警状态。

流量预警方法是洪水预报成果和造成洪灾流量的有效结合，优点是所得到的结果可靠程度较高。但缺点有两个：一是需要利用多种水文模型计算，水文模型的计算需要选取不同参数及不同参数率定验证等步骤，水文模型运算过程较为复杂；二是流量预警的预警指标不包含时间尺度。

（3）预报降雨预警方法

该方法较少被应用于洪水预警预报，主要原因有两个：一是目前绝大部分洪涝预警主要研究的是短时降雨；二是预报降雨难以保证准确性。洪水预警中预报降雨方法，一般通过欧洲中期天气预报中心（ECMWF）、美国国家环境预报中心（NCEP）、中国气象局（CMA）以及世界气象组织（TIGGE）集合预报等数值预报中心获取天气数据。该方法对洪水预警预见期的延长较为有效。

（4）基于人工智能和大数据驱动的新一代水文模型

该方法基于洪涝灾害调研结果和流域实时水文气象大数据，以卫星、雷达和台站等多种维度的降雨数据和未来天气预报的降雨数据为推动因素，以评价区域拓扑关系及基础地理因素为基础，以流域、河段、节点等 7 种不同水文单元中的水力关系为核心，用历史暴雨洪水数据率定各项参数，基于 AI 和大数据技术，集模型库、人工智能算法库、参数库和先验知识库为一体的新一代分布式水文模型。该方法解决了无资料小流域产汇流非线性和参数区域化问题。

洪水预警预报方法对比见表 4-3。

表 4-3 洪水预警预报方法对比

序号	方法名称	优点	缺点
1	落地雨预警方法	计算方法比较简便，预警指标包含不同的时间尺度	预警精度较差
2	流量预警方法	预警结果可靠性高	运算过程较为复杂，预警指标不包含时间尺度
3	预报降雨预警方法	延长洪水预警预见期	预报降雨的精度难以保证
4	基于人工智能和大数据驱动的新一代水文模型	解决了无资料小流域产汇流非线性和参数区域化问题	所需数据比较全面

4.1.6 洪水风险评估方法

全球气候变暖和城市化建设进程的不断加快，使得我国城市暴雨洪涝灾害频发，面对越来越严重的城市洪涝灾害，城市暴雨洪涝灾害风险评估可以帮助有关部门有针对性地对城市暴雨洪涝进行预防和治理，提高城市防涝抗灾能力，降低暴雨洪涝所造成的损失。常用的城市暴雨洪涝风险评估方法有基于历史灾情数据的城市洪涝风险评估方法、基于指标体系的城市洪涝风险评估方法和基于情景模拟的城市洪涝风险评估方法等。

（1）基于历史灾情数据的城市洪涝风险评估

该方法主要利用数理统计的手段对研究区域洪涝灾害历史数据进行统计分析，研究洪涝灾害发展规律，构建洪涝灾害出现概率与其影响因子的数理统计模型，从而对可能发生的洪涝灾害造成的各种损失进行预估。该方法主要是研究暴雨重现期、洪水淹没范围与财产损失之间的关系。

该方法计算简单，所需的地理背景等基础数据较少，但是由于目前城市内涝灾害的记录数据较少，洪涝灾害数据获取途径也较少，因此数据资料缺乏在应用上存在一定的局限性。另外，洪涝风险是未来的潜在事件发生的概率，用历史资料来预测，预测结果可能存在一定的差异。

（2）基于指标体系的城市洪涝风险评估

该方法主要是根据洪涝灾害发生的特点，根据总结出的经验选择特定的评估指标体系，然后通过“归一化”等一系列计算方法对原始数据进行处理，最后得出区域洪涝灾害风险。

该方法重点是优化指标权重，涉及的空间尺度广泛，适合全球灾害风险评估。但由于自身的准确性和局限性，该方法应用较少。

（3）基于情景模拟的城市洪涝风险评估

该方法基于不同频率的暴雨情景过程数据统计，通过建立流域产汇流模型及洪水演进模型计算得出流域淹没范围，以及各种情景下暴雨将可能引起的城市内涝的淹没深度和持续时间。基于情景模拟的城市洪涝风险评估的关键是通过成熟的商业水文水力模型或根据区域特征构建的水文水力模型，模拟不同降雨条件下城市洪涝灾害发生的情景。该模型的核心是研究城市雨水空间的垂直分布和分布过程及降雨（主要是极端降雨）作用于城市下垫面后其水平运动状态。

洪水风险评估方法对比见表 4-4。

表 4-4　洪水风险评估方法对比

序号	方法名称	优点	缺点
1	基于历史灾情数据的城市洪涝风险评估	计算简单	数据较少且很难获取
2	基于指标体系的城市洪涝风险评估	涉及的空间尺度范围较广	精度存在局限性
3	基于情景模拟的城市洪涝风险评估	适用性高	数据量要求较大，计算较为复杂

4.2　水资源

4.2.1　节水灌溉技术

灌溉在大部分“一带一路”沿线国家耗水很大，因此发展节水灌溉、提高用水效率，是缓解水资源短缺、改善水资源供需矛盾的重要方式。根据 2019 年 11 月水利部发布的《国家成熟适用节水技术推广目录（2019 年）》，选择多能源互补驱动低能耗喷灌机系列产品等 8 项节水灌溉技术进行整理与分析，为各国节水灌溉技术提供参考。

4.2.1.1 多能源互补驱动低能耗喷灌机系列产品

（1）技术简介

多能源互补驱动低能耗喷灌机系列产品技术主要包括 3 个部分：灌溉系统多能源（光电油）互补驱动理论与优化决策技术、喷灌机组节能降耗协同技术、喷灌机组精准灌溉控制技术。针对喷灌机组能耗高、灌水均匀性差、配套产品缺乏等问题，通过核心部件的集成创新和原创创新，移动式喷灌机组多能源（光电油）提出了互补驱动理论与优化决策技术，以及节能降耗协同技术和精准灌溉技术。开发并制造了 2 台多能源互补驱动喷灌机组（卷轴式和渠式）和 3 个配套产品（太阳能牵引机、太阳能驱动施肥装置和多功能田间灌溉机）。

（2）主要技术参数

①入机工作压力与喷头工作压力符合要求；

②入机流量符合要求；

③机组运行能耗降低 20%～28.6%，喷洒均匀系数 85%；

④移动速度偏差 –8.5%～9.4%，符合要求。

（3）适用范围

适用于农业灌溉领域。

4.2.1.2 地埋式灌溉技术

（1）技术简介

地埋式灌溉设备主要由埋地旋转喷头、伸缩管和引水管组成。埋地旋转喷头及其出水口解决了设备钻地难题，实现了产品的埋地自动提升。膨胀管和埋地喷头用螺纹连接。伸缩管是供水部件，为喷头提供灌溉用水。引水管既是引水部分，又是膨胀管的固定部分，其可防止泥土进入，保证膨胀管上下升降平稳。按其安装方式可分为双管埋地自动伸缩喷灌设备和单管埋地自动伸缩喷灌设备。

（2）主要技术参数

①密封性能：泄漏量不大于试验压力下出水流量的 1%；

②耐压性能：在 2 倍最大工作压力下保持 1 h，不出现损伤；

③在 0.3 MPa 的工作压力下，有效喷洒直径 15 m；

④喷头流量的变化量不大于±5%；

⑤水量分布特性符合《农业灌溉设备　旋转式喷头第 1 部分：结构和运行要求》（GB/T 19795.1—2005）的规定。

（3）适用范围

地埋式灌溉技术适用于：①灌溉等高效节水灌溉领域；②中、低秆作物，如谷子、玉米、牧草、蔬菜、花卉等；③平原区和小坡度丘陵区等地形。

该技术特别适用于农田粮食作物和经济作物的灌溉需要，也可用于农药喷洒、作物施肥等。

4.2.1.3　圆形喷灌机变量灌溉技术

（1）技术简介

圆形喷灌机变量灌溉技术是将圆形喷灌机的控制区域划分为不同保水量的地块，通过变量灌溉控制系统，在每个地块应用不同的水量，实现及时、适度、适量的分区变量灌溉管理。通过电信号中的采样定理，将电磁阀的脉冲周期设置为喷灌机行走时间和停止时间的最大公约数，有效地减少了喷灌机间歇行走与电磁阀脉冲启闭的非耦合状态引起的灌深控制误差大的难题。基于土壤含水量的时间稳定性原理，提出了一种半干旱半湿润气候下可变灌溉方法。

（2）主要技术参数

①变量灌溉管理区内径向平均灌水均匀系数为 84%，周向平均灌水均匀系数为 95%，满足规范要求；

②利用该技术发明的电磁阀脉冲周期设置方法进行变量灌溉时，灌水深度控制误差最大降低 21%。

（3）适用范围

圆形喷灌机变量灌溉技术适用于需提高灌溉水平的农田。

4.2.1.4　农田灌溉智能控制系统

（1）技术简介

农田灌溉智能控制系统依托移动物联网技术、云计算技术和 GIS 空间信息技术，结合项目建设需求，基于移动物联网技术架构，提出河北省“农业灌溉计量及水权交易信息系统”建设的总体技术架构，包括智能遥控灌溉测控云终端（可连接各种传感器）、电力采集测控仪（黑匣子）、spwt 翼涡轮流量计、水化肥综合智能控制系统、智能移动终端即天一河手机、云计算中心和会展中心、村庄充值管理终端和应用软件。

（2）主要技术参数

负载电流＜5A；最大接触电流≤3.5 mA；数据传输误码率≤10^{-4}；相对湿度 49%～56%，温度 25～27℃；通信功率≤8W；输入电压：三相 380V±15%；一组

RS485 通信接口；电源输出：1 路输出 DC12V。

（3）适用范围

农田灌溉智能控制系统适用于农田节水灌溉的水源机井智能化测控管理。

4.2.1.5 城市绿地再生水回用安全调控滴灌技术

（1）技术简介

安全调控滴灌技术是对生长期再生滴灌条件下的草坪生长、生物量、草坪质地、草坪分蘖密度、草坪颜色等指标进行分析，发现轻度干旱胁迫下的草坪生长综合表现优于其他处理组，这是一种合适的循环滴灌模式。滴灌技术采用全管道闭式低压管道系统与灌溉装置相结合的方式，直接灌溉作物根区土壤。它具有精度高、可控性强等明显优点，是目前最有效、最可靠的再生水灌溉方法。采用该技术可以减少土壤中盐分的积累，减少残留氮，从而减少对环境的不利影响。

（2）主要性能指标

技术应用后可节水 20%～45%；技术应用后化肥、农药可减施 15%～30%；技术应用后系统稳定运行时间增加 1 倍以上。

（3）适用范围

城市绿地再生水回用安全调控滴灌技术适用于再生水丰富、利用率高的地区，有效缓解了因大量开采地下水而造成的水资源短缺。主要应用于城市绿地和园林灌溉区的推广利用，如城市园林、绿地草坪、道路两侧绿化植物的灌溉。实现中水安全高效回用，提高滴灌系统的均匀性和滴灌系统的稳定性。

4.2.1.6 痕量灌溉技术

（1）技术简介

痕量灌溉技术是将水和营养液直接输送到植物根系附近。其流量小，有利于土壤团粒结构的维持，供水量与植物需水量相匹配，实现真正稳定的地下灌溉。通过双层透水材料的特殊结构，解决了低流量下滴头堵塞的问题，在防堵、远距离均匀供水方面取得突破性进展，是一种节水节肥的地下水肥、菌、药、气、热一体化技术体系。

（2）主要技术参数

①微灌带 900 在试验压力范围内的水力特性满足滴灌带（管）水力特性，其流量偏差和变异系数满足《塑料节水灌溉器材　内镶式滴灌管、带》（GB/T 19812.3—2008）规定的 A 类产品要求；

②在未经过滤的泥沙水和原水条件下，马克灌带 900 系列表现出良好的抗堵

塞性能，这是其他滴灌带难以达到的；标记灌水器流量减少后，使用原水冲洗仍能恢复流量。

（3）适用范围

痕量灌溉技术适用于各种场合和农作物的灌溉。可解决滴灌易堵塞、使用寿命短的问题，实现稳定的低流量地下水肥一体化灌溉。

4.2.1.7 新型远射程测控一体化喷灌机

（1）技术简介

新型远射程测控一体化喷灌机集成水泵、动力机、大流量远程喷枪等，可直接从渠道取水，可替代灌区最后一道渠系，节约耕作，提高灌溉效率；技术研发单位研制了一种基于智能控制的洒水车行走速度调节装置，对提高喷洒均匀性进行了优化；优化了喷雾仰角、主喷嘴长度和导叶结构，研制了远程喷嘴，增加了喷嘴射程；将各种规格的喷嘴、喷雾仰角和液压驱动系统集成在一起，形成多系列优化模式，提高了装置的效率，拓宽了使用范围。

（2）主要技术参数

①PE 管直径：125 mm，长度：500 m；

②最大喷洒长度：550 m；

③工作压力范围：0.72～1.25 MPa；

④喷嘴直径：28～36 mm；

⑤喷头的实际工作压力：0.5～0.8 MPa；

⑥喷头流量：68.4～130.3 m^3/h；

⑦有效喷洒幅宽：95～124 m；

⑧ 1 h 灌溉面积：950～9 920 m^2。

（3）适用范围

远射程测控一体化喷灌机适用于灌区大面积灌溉作业，可满足小麦、玉米、牧草等作物的喷灌用水需求。

4.2.1.8 寒地玉米膜下滴灌水肥一体化技术集成模式

（1）技术简介

大垄双行覆膜下滴灌高效用水技术，不仅可以减少土壤水分蒸发，还可以提高犁层土壤温度，从而促进作物高产稳产。应用阶段性覆膜方式，并在出苗后 40～60 d 人工去除地膜或铺设 T40～60 降解地膜。水肥一体化采用埋地支管轮灌方式。节水高效灌溉制度为枯水年（降水保证 75%），灌溉定额为 800 m^3/hm^2，灌水 3 次。

综合栽培技术采用大垄双行地膜下滴灌模式和一体化地膜播种技术。同时完成施肥、抑菌、喷药、铺带、覆膜播种、压土，作业效率 3～5 亩[①]/小时。

（2）主要技术参数

①灌溉水利用率达到 0.80 以上；

②玉米水分生产效率达到 1.8 kg/m^3 以上；

③肥料利用率提高 10%以上；

④节水 10%以上。

（3）适用范围

膜下滴灌水肥一体化技术适用于半干旱半湿润寒冷地区的玉米种植区，经济发达、农业管理水平高、水源短缺地区，春季降水不足、集中连片经营、积温不足地区。

节水灌溉技术对比见表 4-5。

表 4-5 节水灌溉技术对比

序号	技术名称	优点	主要技术参数	适用范围
1	多能源互补驱动低能耗喷灌机系列产品	解决了灌机组能耗高、灌溉均匀性差和配套产品缺乏等问题	机组运行能耗降低 20%～28.6%，喷洒均匀系数 85%；移动速度偏差 –8.5%～9.4%，符合要求	农业灌溉领域。针对卷盘式和小型平移式喷灌机组在应用中存在的技术缺陷，以充分利用太阳能为前提，采用多能源互补驱动，实现灌溉系统节能降耗与绿色运行
2	地埋式灌溉技术	解决了设备的钻土问题，实现了产品的地埋式自动升起	密封性能：泄漏量不大于试验压力下出水流量的1%；耐压性能：在 2 倍最大工作压力下保持 1 h，不出现损伤；在 0.3 MPa 的工作压力下，有效喷洒直径 15 m；喷头流量的变化量不大于±5%	①灌溉等高效节水灌溉领域；②中、低秆作物使用，如小米、玉米、牧草、蔬菜、花卉等；③平原地区和坡度较小的丘陵地区等多种地形。特别适合于农田粮食作物、经济作物的灌水需求，还可用于农药喷洒、农作物施肥等
3	圆形喷灌机变量灌溉技术	实现了适时适量适位的分区变量灌溉管理；有效降低了喷灌机间歇式行走与电磁阀脉冲式启闭的非耦合状态引起的灌水深度控制误差较大的难题	变量灌溉管理区内径向平均灌水均匀系数为 84%，周向平均灌水均匀系数为95%，满足规范要求；利用该技术发明的电磁阀脉冲周期设置方法进行变量灌溉时，灌水深度控制误差最大降低 21%	适用于提高灌溉水平的农田，可定量评估变量灌溉对喷灌机灌水深度和水量分布均匀性的影响，提出灌溉策略

① 1 亩≈666.67 m^2。

序号	技术名称	优点	主要技术参数	适用范围
4	农田灌溉智能控制系统	高度智能化	负载电流＜5A；最大接触电流≤3.5 mA；数据传输误码率≤10^{-4}；相对湿度49%～56%，温度 25～27℃；通信功率≤8W；输入电压：三相 380V±15%；一组 RS485 通信接口；电源输出：1 路输出 DC12V	适用于小型农田水利重点县项目、现代农业县项目、农业开发县项目、国土资源耕地保护土地整理等项目中农田节水灌溉的水源机井智能化测控管理
5	城市绿地再生水回用安全调控滴灌技术	具有明显的精量、可控等优点；采用轻度胁迫滴灌再生水，可降低土壤中盐分的累积，减少氮素残留，从而减轻对环境的不利影响	技术应用后可节水 20%～45%；技术应用后化肥、农药可减施 15%～30%；技术应用后系统稳定运行时间增加 1 倍以上	适用于再生水丰富且利用率高的地区，有效缓解了因大量开采地下水而造成的水资源紧缺问题。主要应用于城市绿地、园林灌溉区的推广利用，如城市花园、绿地草坪、道路两侧绿植的灌溉。实现再生水的安全、高效回用，提高滴灌系统灌溉的均匀度及滴灌系统的稳定性
6	痕量灌溉技术	解决了低流量下灌水器堵塞的难题，其小流量特性有利于土壤团粒结构的保持，供水量可与植物的需水量相匹配，实现了真正稳定的地下灌溉，在节水效率、抗堵性和长距离均匀供水等方面取得了突破性进展	微灌带 900 在试验压力范围内的水力特性符合滴灌带（管）的水力特性，其流量偏差及变异系数均达到 GB/T 19812.3—2008 规定的 A 类产品要求；在未经过滤的泥沙水原水状态下，马克灌带 900 系列表现了其他滴灌带难以实现的良好抗堵塞性能；马克灌灌水器在流量降低后即便通过原水冲洗，流量仍能得到恢复	适用于各种场合、各种作物的灌溉，可解决滴灌易堵塞报废、使用寿命短的难题，实现稳定的小流量地下水肥一体化灌溉
7	新型远射程测控一体化喷灌机	提高灌水效率；提高喷洒均匀性；增大喷头射程；提高装置效率，拓宽使用范围	有效喷洒幅宽：95～124 m；1 h 灌溉面积：950～9 920 m^2	适用于灌区大面积灌溉作业，可满足小麦、玉米、牧草等作物的喷灌用水需求
8	寒地玉米膜下滴灌水肥一体化技术集成模式	减少土壤水分蒸发，又能增加耕层土壤温度，从而促进作物的高产稳产	灌溉水利用率达到 0.80 以上； 玉米水分生产效率达到 1.8 kg/m^3 以上； 肥料利用率提高 10%以上； 节水 10%以上	适用于半干旱半湿润寒冷地区的玉米种植区，经济发达、农业管理水平高、水源短缺地区，春季降水不足、集中连片经营、积温不足地区

4.2.2 生活节水技术

部分水资源极度缺乏的“一带一路”沿线国家对生活节水技术需求度较高，本次从 2019 年 11 月水利部发布的《国家成熟适用节水技术推广目录（2019 年）》中摘取部分生活节水相关技术，为我国先进节水技术“走出去”做铺垫，也为各国选择节水技术提供参考。

4.2.2.1 生活污水—厕所废水—雨水综合回用技术

（1）技术简介

生活污水—厕所废水—雨水综合回用技术是在生物接触氧化法的基础上进行改进，以固定床生物膜为主体，辅以配套处理单元，形成完整的工艺流程。采用特殊结构和材料的固定床载体，为好氧、厌氧和兼性厌氧微生物附着生物有机体提供良好场所，形成一层生物膜。整个生物膜系统形成更长的食物链，效率更高，减少污泥处理负担，并能抵抗更高的水力冲击负荷和有机物负荷。

（2）主要技术指标

一套生活污水—厕所废水—雨水综合回用设备约 5 000 元，年节约用水量约为 87.6 t，运行成本较低；技术服务范围内节水量可达到 20%～40%；符合我国《城市污水再生利用　城市杂用水水质》（GB/T 18920—2002）或《城市污水再生利用　绿地灌溉水质》（GB/T 25499—2010）各相关项水质指标；可减少技术服务范围内 30%～50%生活污水排放。

（3）适用范围

生活污水—厕所废水—雨水综合回用技术适用范围包括政府、学校、医院等公共机构的卫生间。

4.2.2.2 纳米免冲水抗菌节水技术

（1）技术简介

纳米免冲水抗菌节水技术是通过在高级陶瓷表面涂覆一层纳米材料，经过高温烧制，使搪瓷表面形成精细的纳米界面结构，从而达到高水平的表面密度和光洁度。陶瓷表面吸水率小于 0.07%，具有良好的疏水性，水和污垢不易滞留，做到少用水或不用水。该技术消除了尿液细菌化引起的异味和尿碱、尿垢。其独特的光滑内凹面和低吸水率使其不易滞留尿液、痰渍和灰尘。因此，小便器可以达到不冲水和自洁的效果。

（2）主要技术指标

应用纳米技术的每台设备投资约 3 000 元，年节约用水量 43.8 t，运行成本低；由于无须清洗，节水率达 100%。在材料中加入银基纳米级抗菌材料，可有效抑制细菌生长。对大肠杆菌的耐药率达 99.15%，对金黄色葡萄球菌的耐药率达 100%。该材料应用于蹲便器和厕所，可以达到非常明显的节水效果；应用于小便器，可避免冲水。

（3）适用范围

设备可应用在政府、学校、医院、车站、商业等公共机构的卫生间，不仅为客户带来节水的经济效益，而且改善了公共卫生间的环境。

4.2.2.3　免水冲资源型生物厕所（公共厕所、家用、船舶用）

（1）技术简介

免水冲资源型生物厕所应用的技术是利用天然微生物菌株，通过优化组合、人工驯化和繁殖，培育出高效微生物菌群，用于粪便和尿液的生态净化。将菌株加入带有菌株基质的微生物生态厕所处理池中，当排泄物和卫生纸进入处理槽并在混合槽中时，微生物水解菌株释放出具有降解有机物功能的高蛋白酶，将粪便和尿液中的有机物降解成糖、脂肪等小分子有机物。最后微生物产酸菌株将其降解为有机酸，通过产甲烷菌的进一步作用和代谢，完全氧化分解为水、气等简单无机物。极少量分解后的残渣可回收制成高效有机肥。

（2）主要技术指标

免水冲资源型生物厕所每台设备投资约 20 000 元，年节约用水量 328.5 t，年运行费用约 8 000 元；节水率达 70%；卫生指标符合《城市公共厕所卫生标准》（GB/T 17217—1998）中规定的免水冲式厕所一类标准要求。

（3）适用范围

免水冲资源型生物厕所适用于：

①旅游景点、海滨、社区、大型聚会场所、展览会等公共场所；

②火车、轮船、公路收费局和长途公共汽车等；

③施工现场、矿区临时公共厕所；

④高海拔、高寒、缺水地区“旱厕、冰厕、隔离厕所”改造；

⑤缺水和寒冷地区农村家庭厕所改造。

生活节水技术对比见表 4-6。

表 4-6 生活节水技术对比

序号	技术名称	投资成本	运行成本	工艺成熟度	运行管理难易程度	节水率	自然条件适应性	适用范围
1	生活污水—厕所废水—雨水综合回用技术	一套设备约5 000元，年节约用水量约为87.6 t	运行成本较低	技术较成熟	运行较简单	20%～40%	符合《城市污水再生利用 城市杂用水水质》（GB/T 18920—2002）或《城市污水再生利用 绿地灌溉水质》（GB/T 25499—2010）各相关项水质指标。人均生活污水排放量减少30%～50%	适用于农村居民集中区域、工厂区域、旅游景区、商用住宅区域人口集中地方，可以根据情况使用生活污水—厕所废水—雨水综合回用系统，出水可用于绿化、浇地、灌溉、回用冲厕、冷却水等
2	纳米免冲水抗菌节水技术	每台设备投资约3 000元，年节约用水量43.8 t	运行成本较低	技术成熟	运行简单	100%	材料里加入银系纳米级抗菌材料，有效地抑制了细菌的滋生。抗大肠杆菌性能达99.15%，抗金黄色葡萄球菌性能达100%。材料应用到蹲便器和坐便器上，达到了非常明显的节水效果，而应用到小便器上，则可免冲水	可应用在政府、学校、医院、车站、商业等公共机构的卫生间，不仅为客户带来节水的经济效益，而且改善了公共卫生间的环境
3	免水冲资源型生物厕所（公共厕所、家用、船舶用）	每台设备投资约20 000元，年节约用水量328.5 t	年运行成本约8 000元	技术成熟	运行较简单	70%	卫生指标符合《城市公共厕所卫生标准》（GB/T 17217—1998）中规定的免水冲式厕所一类标准要求；可减少污水的排放	适用于：①旅游景点、海滨、小区，大型集会场所、展览会等公共场所；②列车机车、船舶、高速公路收费处及长途巴士等；③建筑工地、矿区等临时公共厕所；④高海拔、高寒、缺水地区的“旱厕、冰厕、孤厕”改造；⑤缺水、寒冷地区农村家用厕所改造

4.2.3 海水淡化技术

科学技术部、国家海洋局于 2015 年 11 月发布的《海水淡化与综合利用关键技术与装备成果汇编》，包含了万吨级反渗透海水淡化系统设计与集成技术等 33 个海水淡化技术，现从中摘取部分典型技术做介绍。

4.2.3.1 反渗透海水淡化系统设计与集成技术

（1）技术简介

反渗透海水淡化系统设计与集成技术基于反渗透海水膜的选择性渗透作用原理，集海水取水、海水预处理、高压供水、海水淡化、能量回收、淡化水后处理、海水浓缩排放等工艺技术和设备于一体，并根据不同用途的需要，为沿海港口工业区和淡水资源缺乏地区的城镇提供生活和工业用水，设计、建设大中型反渗透海水淡化工程。

（2）主要技术指标

应用反渗透海水淡化系统设计与集成技术的示范工程投资成本为 7 500 元/m^3，运行成本为 3.377 元/m^3，海水淡化一级脱盐水 TDS≤500 mg/L；吨水能耗≤3.5 kW·h；水质符合国家《生活饮用水卫生标准》。

（3）适用范围

反渗透海水淡化系统设计与集成技术适用于沿海临港工业区和城镇生活、工业用水的生产与供应。

4.2.3.2 低温多效蒸馏海水淡化技术（MED）

（1）技术简介

低温多效蒸馏海水淡化技术是目前国际上广泛应用的主流海水淡化技术之一，淡化过程中要控制盐水的最高蒸发温度不高于 70℃、海水浓缩倍率小于 2。技术研发单位开发出了 MED 高效节能工艺，以及引射系数可调节的蒸汽热压缩装置（TVC）、铝合金传热管、国产阻垢剂及喷淋布液、汽液分离元件和弹性连接胶圈等关键部件和材料，完善了智能化控制系统。

（2）主要技术指标

低温多效蒸馏海水淡化技术的示范工程投资成本为 12 380 元/m^3，运行成本为 3.658 元/m^3。产品水 TDS 为 5.3～7.98 mg/L，吨水能耗为 1.24～1.43 kW·h。

（3）适用范围

低温多效蒸馏海水淡化技术适用于沿海临港工业区和城镇生活、工业用水的生产与供应。

4.2.3.3 电化学海水淡化成套技术

（1）技术简介

电化学海水淡化成套技术利用电凝聚—过滤进行预处理，用流过式离子吸附器、流过式电容器（又称 CDI）进行海水淡化，用低电压电解臭氧进行消毒处理。该工艺与现有蒸馏、膜法（反渗透）等海水淡化工艺不同，可实现海水淡化和盐一体化生产，且海水淡化生产全程不使用化学药剂，并期望将产水达到饮用水标准，作为城市饮用水并入城市供水管网，产水成本降至 3.5 元/m^3。核心技术为流过式电容去离子法，CDI 是在电场力的作用下，直接将水中相对量很小的离子吸附分离出来，而不是把大量的水从原水中分离出来，因而无须高温、高压，所以能耗相对较低，且浓水少、产水率高。

（2）主要技术指标

电化学海水淡化成套技术的示范工程投资费用为 5 000 元/m^3，运行费用为 3.50 元/m^3，产水水质 TDS≤1 000 mg/L，吨水能耗＜2.0 kW·h，淡水收率达 70%以上。

（3）适用范围

电化学海水淡化成套技术适用于沿海临港工业区和城镇生活、工业用水的生产与供应。

海水淡化技术对比见表 4-7。

表 4-7 海水淡化技术对比

序号	技术名称	投资成本	运行成本	工艺成熟度	运行管理难易程度	产品水质量	预处理要求	适用范围
1	反渗透海水淡化系统设计与集成技术	7 500 元/m^3	3.377 元/m^3	技术成熟	运行简单	海水淡化一级脱盐水 TDS≤500 mg/L；吨水能耗≤3.5 kW·h；水质符合国家《生活饮用水卫生标准》	需对海水进行混凝沉淀，需要预处理后的水质 SDI＜4	适用于沿海临港工业区和城镇生活、工业用水的生产与供应
2	低温多效蒸馏海水淡化技术	12 380 元/m^3	3.658 元/m^3	技术成熟	运行简单	产品水 TDS 为 5.3～7.98 mg/L，吨水能耗为 1.24～1.43 kW·h	无须进行预处理	适用于沿海临港工业区和城镇生活、工业用水的生产与供应

序号	技术名称	投资成本	运行成本	工艺成熟度	运行管理难易程度	产品水质量	预处理要求	适用范围
3	电化学海水淡化成套技术	5 000 元/m^3	3.50 元/m^3	技术较成熟	运行较简单	产水水质 TDS≤1 000 mg/L；吨水能耗＜2.0 kW·h；淡水从海水中提取率达 70%以上	以电凝聚—过滤技术，去除悬浮固体（SS）、COD 及部分金属离子等	适用于沿海临港工业区和城镇生活、工业用水的生产与供应

4.2.4　饮用水净化处理技术

部分“一带一路”沿线国家饮用水安全问题较为严重，对城镇饮用水厂升级改造技术及农村分散式饮用水净化设施改造技术等需求度均比较高。2014 年环境保护部与住房和城乡建设部联合印发了《水污染防治先进实用技术汇编》（以下简称《技术汇编》），笔者根据“一带一路”沿线国家对饮用水净化处理技术需求，从《技术汇编》中摘取典型技术做整理与分析。

4.2.4.1　复合金属氧化物一步法除砷技术

（1）技术简介

复合金属氧化物一步法除砷技术是利用深井泵将待处理水提升加压，待处理水首先进入除砷装置后再进入接触过滤装置，最后经过消毒进入市政给水管网。该除砷技术主要依靠复合金属氧化物的氧化和吸附功能之间的协同耦合作用：锰氧化物通过界面氧化作用将水中难以吸附的非离子态 As（Ⅲ）快速氧化为易于吸附的电负性 As（Ⅴ）；同时，氧化锰的还原和溶解促进了吸附剂表面特性的改变和表面活性吸附位点的产生，从而促进了砷的吸附。

（2）主要技术指标

复合金属氧化物一步法除砷技术示范工程建设费用为 360 元/m^3，运行成本为 0.06 元/m^3；水中砷浓度达到国家饮用水标准限值以下（＜0.01 mg/L）；微生物去除效果达 90%。

（3）适用范围

复合金属氧化物一步法除砷技术适用于农村安全饮水工程、城市自来水厂强化除砷工程。

4.2.4.2 高效节能净水工艺及成套设备

（1）技术简介

高效节能净水工艺及成套设备是利用一级潜水泵取水，原水经过自动投加混凝剂及高效混合反应装置后，进入具有气浮功能的网格絮凝系统进行絮凝反应，然后进入高浓度泥层接触絮凝，沉淀后进入斜管，再通过底部有水的均质深床过滤，出水通过消毒剂混合器进入净水池进行消毒处理和储存，然后通过二次供水供给管网。

（2）主要技术指标

高效节能净水工艺及成套设备示范工程建设费用为 400 元/m^3，运行成本为 0.25 元/m^3，水质符合国家《生活饮用水卫生标准》，微生物去除效果达 95%。

（3）适用范围

高效节能净水工艺及成套设备适用于生活及工业给水处理、污水处理、中水回用等。

4.2.4.3 高品质生态饮用水处理工艺技术

（1）技术简介

高品质生态饮用水处理工艺技术的核心是臭氧压力氧化+耐氧化超滤膜和臭氧纳米微泡清洗膜结合技术。该工艺技术的特点包括无药剂投加、无化学污染物产生、宽水源水质、低运行成本、高出水品质、高可靠运行、生命周期长、智能化控制、水资源回收率高、建设周期短。应用该技术处理后的饮用水达到的效果是能够有效降低浊度，改善口感、气味，去除悬浮物、色度、胶体，藻类、大肠杆菌、细菌、病毒，腐殖酸、TOC、铁、锰、氰化物、化肥、塑料化剂、抗生素、农药残留物等有机污染物。高品质生态饮用水处理工艺是对传统净水工艺的颠覆性创新。

（2）主要技术指标

高品质生态饮用水处理工艺技术示范工程投资约 2 500 元/m^3，运行成本为 0.26 元/m^3，进水浊度 5～30 NTU，出水浊度 0.02～0.08 NTU，净水时间 6 min，出水指标优于国家 2018 年生活饮用水标准，达到国家 2020 年高品质饮用水标准。

（3）适用范围

高品质生态饮用水处理工艺技术适用于城市自来水净化、安全饮水工程。

4.2.4.4　高速曝气生物滤池预处理技术

（1）技术简介

高速曝气生物滤池预处理技术采用大球形轻质陶粒，这样可以保证反冲洗效率、滤速和生物量，提高了生物硝化能力。采用轻密度多孔陶瓷生物填料构建高过滤率（可达 16 m/h）、高生物量、设施紧凑的高层加厚生物滤池，能有效硝化水中氨氮，改善出水水质。工艺流程为原水→高速曝气生物滤池→混凝沉淀→砂滤→消毒→出水。其中，在前端设置高速曝气生物滤池，对常规处理工艺进行生物强化，形成“给水高速曝气生物滤池——常规处理生物强化”工艺。采用大球形轻质陶粒，对应 16 m/h 过滤速度和 3.2 m 滤料层厚度的过滤头仅为 0.5～0.6 m。现有原水提升泵剩余扬程不会增加提升能耗；冲洗前后滤水头损失差不得超过 10 cm。集中鼓风系统可以保持每个过滤器的均匀曝气。

（2）主要技术指标

利用高速曝气生物滤池预处理技术的示范工程氨氮等污染物的平均去除率为 83.3%；出厂水 COD_{Mn}≤2.0 mg/L；给水高速曝气生物滤池单位工程投资约 120 元/（m^3/d）；单位处理成本（含折旧费）约 0.024 元/m^3，单位处理成本（不含折旧费）约 0.011 元/m^3，滤池单位占地约 60 m^2/（万 m^3/d）。

（3）适用范围

高速曝气生物滤池预处理技术适用于处理氨氮及有机物污染较高的原水。

4.2.4.5　大型水厂超滤膜过滤组合工艺及运行优化技术

（1）技术简介

大型水厂超滤膜过滤组合工艺及运行优化技术是通过预膜混凝、吸附、预氧化等预处理技术的合理组合，构建了一系列关键的滤膜预处理技术，不仅可以加强超滤工艺对有机物、异味物质等特征污染物的去除效率，还能有效缓解超滤膜污染，保持联合工艺稳定运行，降低运行过程能耗。

（2）主要技术指标

膜前预处理关键技术的应用很大程度控制了超滤膜的污染，使得示范工程在连续运行的 3 年仅进行过 2 次维护性清洗，基本上实现了超滤的零污染运行。出水水质满足《生活饮用水卫生标准》（GB 5749—2002）要求。出厂水浊度从 0.4～0.5 NTU 降到 0.02 NTU 以下，COD_{Mn}、TOC 和 UV254 平均去除率分别达 44.93%、43.36%和 19.89%，比原常规工艺分别提高了 9.08%、10.03%和 7.61%，膜后出水颗粒数均低于 50 cnts/mL。

（3）适用范围

大型水厂超滤膜过滤组合工艺及运行优化技术适用于大型水厂工艺改造。

4.2.4.6 分散水源慢滤技术

（1）技术简介

分散水源慢滤技术是采用传统的缓慢过滤进行分散式水净化的技术。合理级配的滤料表面形成生物膜，在截留浊度物质的同时，通过生物降解去除部分污染物。简易慢滤设备适用于农村地区的小型集中式饮用水处理及一户分散式饮用水处理。它具有投资少、成本低、操作管理方便、操作自动化等特点。表面滤料清洗需数月时间，适合在农村推广应用。设备流程见图 4-3。

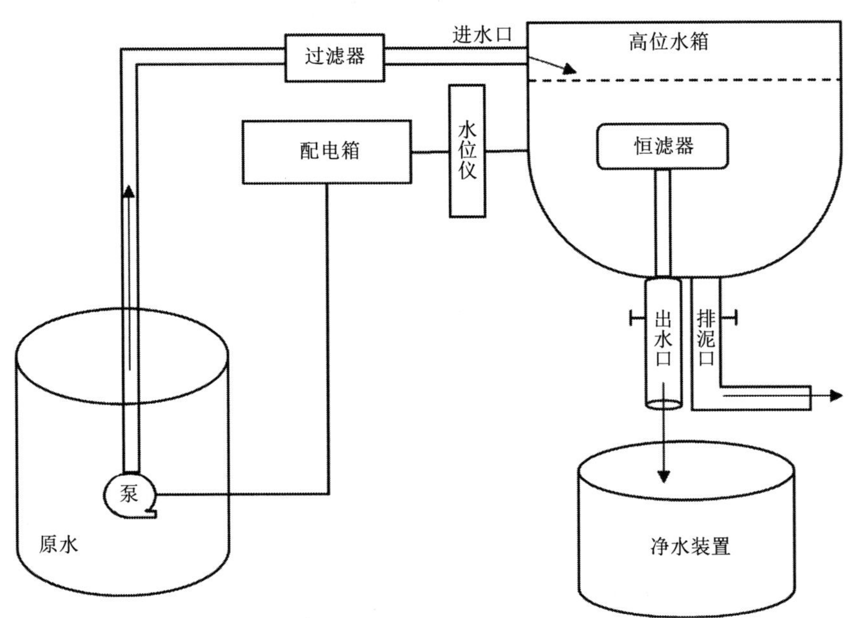

图 4-3 分散水源慢滤技术流程

（2）技术工艺

技术工艺基本操作步骤包括：

①慢滤柱启动。慢滤柱中的滤料采用湿法装填，即一边添加滤料，一边加水。反应器启动初期采用正常滤速的 1/4，持续运行约 10 d 后逐步增加流速至设计滤速。

②设备日常运行。设备带有自控系统，用户可以根据实际需要采用连续或间歇运行的方式。

③慢滤柱滤料更换。运行 2～3 个月后，需要清除慢滤柱表层滤料以防堵塞。关闭进水阀，将慢滤柱的水放至露出滤料表层时，铲除表层滤料（约 2 cm）。

（3）适用范围

分散水源慢滤设备适用于农村家庭饮用水处理。

4.2.4.7　小型一体化超滤膜水质净化设备

（1）技术简介

小型一体化超滤膜水质净化设备是集加药消毒和超滤膜过滤于一体的分散型水质净化系统，通过前置消毒控制超滤膜的生物污染，有效防止了原水对过滤设备的污染以及净水在供水中的二次污染。

（2）技术工艺

将原水（如水井、山泉、淡水河流或湖泊等）引入储水箱，设置一定的流量由原水泵输入加药系统，加药系统根据原水水质状况、流量和后续管网的长度等参数，定量加入消毒药剂后流向过滤装置。通过中空超滤装置去除原水中各种微粒、胶体粒子、有机物和微生物等大分子溶质后的原水进入净水箱备用，根据用户需求由水泵将净水输送给用户。该水处理设备在原水进入过滤装置进行过滤之前，通过加药系统将药物添加到流入过滤装置的原水中，从而有效地清除了原水中包含的微生物。因此，进入过滤装置的原水基本不含有对过滤装置有负面影响的微生物。该水处理设备在经过一段时间的间歇性使用后，也不会出现微生物滋生而影响过滤装置过滤性能的问题。滤膜前置加药系统的消毒剂不仅防止了滤膜装置的污染，还防止了后续供水中微生物的二次污染，从而确保系统出水和龙头水水质的稳定达标。

（3）适用范围

小型一体化超滤膜水质净化设备适用于农村分散型供水。

饮用水净化处理技术对比见表 4-8。

表 4-8　饮用水净化处理技术对比

序号	技术名称	投资成本	运行成本	工艺成熟度	运行管理难易程度	污染物去除效果	适用范围
1	复合金属氧化物一步法除砷技术	360 元/m^3	0.06 元/m^3	技术较成熟	运行简单	水中砷得到有效去除，达到国家饮用水标准限值以下（＜0.01 mg/L）	适用于农村安全饮水工程、城市自来水厂强化除砷工程

序号	技术名称	投资成本	运行成本	工艺成熟度	运行管理难易程度	污染物去除效果	适用范围
2	高效节能净水工艺及成套设备	400 元/m^3	0.25 元/m^3	技术较成熟	运行较简单	水质符合国家《生活饮用水卫生标准》	适用于生活及工业给水处理、污水处理、中水回用等
3	高品质生态饮用水处理工艺技术	2 500 元/m^3	0.26 元/m^3	技术成熟	运行简单	进水浊度 5～30 NTU，出水浊度 0.02～0.08 NTU，净水时间 6 min，出水指标优于国家 2018 年生活饮用水标准，达到国家 2020 年高品质饮用水标准	适用于城市自来水净化、安全饮水工程
4	高速曝气生物滤池预处理技术	120 元/m^3	0.024 元/m^3	技术成熟	运行简单	氨氮平均去除率为 83.3%；出厂水 COD_{Mn} ≤2.0 mg/L	适用于高氨氮和高有机物污染原水处理
5	大型水厂超滤膜过滤组合工艺及运行优化技术	—	—	技术成熟	运行较简单	出厂水浊度从 0.4～0.5 NTU 降到 0.02 NTU 以下，COD_{Mn}、TOC 和 UV254 平均去除率分别达 44.93%、43.36% 和 19.89%，比原常规工艺分别提高了 9.08%、10.03%和 7.61%，膜后出水颗粒数均低于 50 cnts/mL	适用于大型水厂工艺改造
6	分散水源慢滤设备	—	—	技术较成熟	运行简单	对浊度物质进行拦截的同时，通过生物降解作用去除部分污染物	适用于农村家庭饮用水处理
7	小型一体化超滤膜水质净化设备	—	—	技术较成熟	运行较简单	有效地清除了原水中包含的微生物，确保系统出水和龙头水质的稳定达标	适用于农村分散型供水

4.2.5 再生水利用途径

快速的工业化进程导致城市严重的环境污染和生态退化，同时导致淡水资源的供应减少。随着污水处理技术的发展，再生水逐渐成为城市供水水源的重要组成部分，现已被广泛用于工业、农业、园林绿化，甚至饮用水。参考《城市污水再生利用　分类》（GB/T 18919—2002），再生水具体回用的途径见表 4-9。

表 4-9　城市再生水利用途径

分类	范围	示例
农、林、牧、渔用水	农业灌溉	小麦、玉米、大豆等作物的育种和栽培
	造林育苗	防护林、经济林、观赏植物等的种植
	畜牧养殖	牛羊猪等家畜、鸡鸭鹅等家禽的饲养
	水产养殖	淡水鱼虾等的养殖
城市杂用水	城市绿化	公共绿地、建筑物周边绿化灌溉
	冲厕	居民楼、公共建筑厕所冲水
	道路冲洗	道路冲洗
	车辆冲洗	洗车
	建筑施工	施工场地浇洒、混凝土制备、建筑物冲洗
	消防	消火栓
工业用水	冷却用水	热电厂等工厂烟囱冷却
	洗涤用水	火电厂中冲洗灰渣、设备清洗等
	锅炉用水	炉内补水（非高压）
	工艺用水	造纸印染等企业蒸煮清洗等
	产品用水	制作各类浆料、制剂
生态环境用水	娱乐性景观用水	娱乐性景观河道、湖泊及水景
	观赏性景观用水	观赏性景观河道、湖泊及水景
	湿地用水	维持生态系统稳定
补充水源	补充地表水	水源地和远距离输水线路中的补水
	补充地下水	补给地下空层、减轻海水入侵和地面沉降等问题

（1）城市杂用及生态环境补水

为了保证城市居民的健康，再生水回用于城市杂用项前应该经过严格的紫外照射等消毒过程。考虑到再生水运输需要区别于常规水源供水管道，为了节约成本，应该在城市内合理设置取水点，供环卫车辆补水。供水范围应涵盖风景区、森林公园、城市主要绿地、人员密集街道等。从保护环境质量的角度来看，景观用水需要满足氮磷等指标，防止水体蓝、绿藻的产生，在城市河道景观内可以种植一些具有净水能力的植物，以促使水质达标和保证水体生态稳定。

（2）工业回用

在城市用水中，工业用水占比很大。面对需水量大、水价上涨的现实，工业企业除提高水循环利用率以外，还要逐步将城市污水再生后回用，其优势在于：①紧邻供水源，就近取用避免长距离运输；②水源稳定，枯水期变动不大；③城市污水厂出水达到一级 A 标准后稍加补充处理，即可满足许多工业部门用水水质要求，成本低。

城市污水处理后回用于工业的主要途径有冷却用水、锅炉补充水和部分工艺用水。其中，冷却用水对水质要求低，且其需求量占工业用水需求量的 80%左右，是再生水工业利用的主要用户；对于一般锅炉补充用水和高压锅炉用水，水质要求高，一般需要经过软化、脱盐等工艺处理，经济欠发达的西北地区不建议使用；由于工业用水水质要求会根据不同的工业工艺而存在较大差异，不便统一配置。

（3）农业用水

与城市杂用水类似，农、林、牧、渔业用水水质主要考虑生态风险。运输方面，从城市集中性污水处理厂或再生水厂到农灌区距离较长，管道建设成本较高，再生水回用于农业的实际可操作性不强。

4.3 水生态环境

4.3.1 城镇生活污水处理技术

4.3.1.1 一体式膜—生物反应器污水处理技术

（1）技术原理

一体式膜—生物反应器技术（Membrane Bio-Reactor，MBR）是生物反应器和膜分离技术的有机结合。膜分离组件浸入生物反应器中。污水进入生物反应器后，对污染物进行生物分解，活性污泥混合物经膜组件进一步过滤分离，得到处理后的出水。膜组件下方设有曝气装置，一方面提供微生物分解有机物所需的氧气，另一方面对膜组件表面造成扰动，防止污泥沉积在膜表面。

（2）工艺流程

根据废水种类和处理程度，污水处理技术工艺流程有所区别：

①处理生活污水的一般 MBR 工艺：

原水→好氧 MBR→出水

②城市污水脱氮除磷 MBR 工艺：

原水→厌氧→缺氧→好氧→膜池→出水

③处理高浓度有机废水的 MBR 工艺：

原水→厌氧→好氧 MBR→出水

（3）主要技术参数

一体式膜—生物反应器污水处理技术可实现处理出水达一级 A 排放标准；出水满足河道回用标准；总投资为 1 500～3 500 元/m^3（规模为 2 万～20 万 m^3/d 的工程），其中设备投资占比为 70%；运行费用为 0.5～0.8 元/m^3（不含折旧）。

（4）适用范围

一体式膜—生物反应器污水处理技术可用于城市污水、各类工业废水的处理与回用、受污染饮用水水源的净化等。

4.3.1.2　高效节能型氧化沟技术

（1）基本原理

高效节能型氧化沟技术是在传统氧化沟技术的基础上，结合同步硝化、反硝化生物脱硝、脱氮、除磷技术，配备高效节能水处理设备的一种新型水处理技术。

该技术可根据污水水质的不同，组合成不同比例的厌氧释磷区—反硝化吸磷区—缺氧（厌氧）区—好氧区—缺氧区—好氧区。碳通过好氧微生物的同化和异化去除，氮通过好氧硝化细菌的硝化作用和兼性反硝化细菌的反硝化作用去除，磷通过蓄磷细菌的厌氧释放和好氧过度吸收去除。

（2）工艺流程

高效节能型氧化沟技术工艺流程见图 4-4。

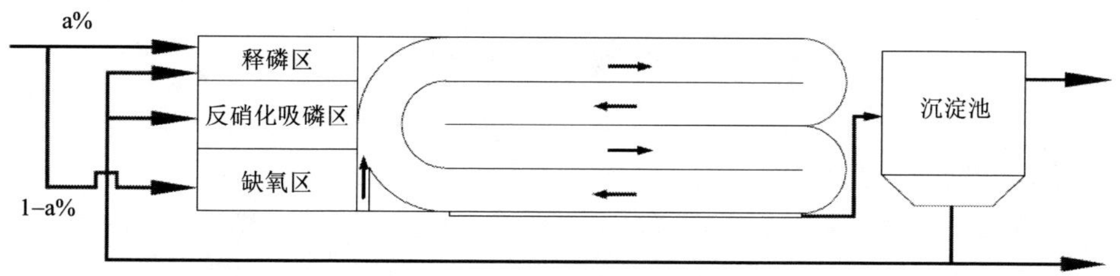

好氧区：碳氧化，硝化、反硝化反应，聚磷菌吸收磷

厌氧区：反硝化反应

厌氧段：聚磷菌释放磷

图 4-4　高效节能型氧化沟技术工艺流程

（3）主要技术参数

高效节能型氧化沟技术可实现处理出水达一级 A 排放标准；减少了向水体排

放 COD、氮和磷的量。投资费用为 1 300 元/m³，运行费用为 0.6 元/m³。

（4）适用范围

高效节能型氧化沟技术适用于 2 万～20 万 m³/d 污水处理需求的市政污水处理厂，特别适用于处理低碳源高总氮的低浓度市政污水。

4.3.1.3 城镇污水深度除磷脱氮技术

（1）基本原理

在分析总结国内外先进污水处理及节能降耗技术的基础上，通过对我国城镇污水处理厂进水水质水量、污染物去除及单位能耗影响的研究，针对城镇污水处理厂一级 A 提标建设需求，城镇污水深度除磷脱氮技术着重解决了我国城镇污水无机悬浮固体比例（SS/BOD_5）偏高影响污泥活性和反硝化能力、碳氮比（BOD_5/TN）偏低影响生物脱氮能力、冬季低温影响硝化及反硝化能力、回流污泥硝酸盐影响除磷能力、水质水量波动影响运行稳定性等复杂技术难题。

（2）工艺流程

城镇污水深度除磷脱氮技术工艺流程见图 4-5。

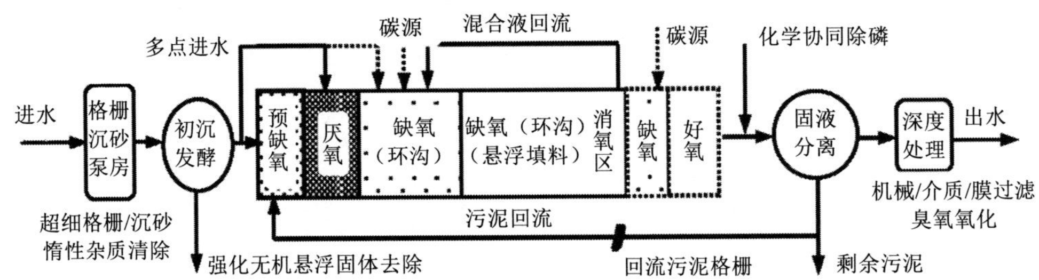

图 4-5 城镇污水深度除磷脱氮技术工艺流程

（3）主要技术参数

城镇污水深度除磷脱氮技术可实现处理出水达一级 A 排放标准；示范工程 3 500 元/m³，运行费用约为 0.5 元/m³。

（4）适用范围

城镇污水深度除磷脱氮技术适用于执行一级 A 及更高排放标准的城镇污水处理厂改建、扩建及新建工程。

4.3.1.4 厌氧/缺氧/好氧活性污泥处理工艺

（1）基本原理

厌氧/缺氧/好氧活性污泥处理工艺（A^2O 工艺）是在 A/O 工艺的基础上改进

而来。将一个缺氧区增设在 A/O 工艺的好氧区之前、厌氧区之后，生物脱氮在缺氧区进行一部分，污水中有机物的分解依靠不同的微生物菌群，该工艺能同时兼顾脱氮和除磷。

（2）工艺流程

A^2O 工艺流程见图 4-6。

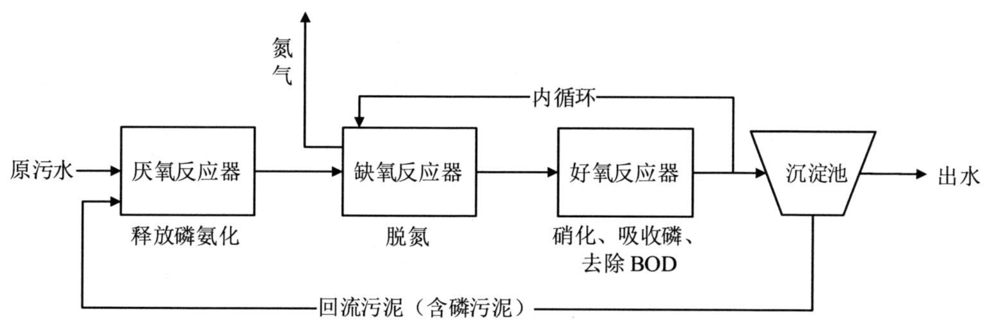

图 4-6 A^2O 工艺流程

（3）主要技术参数

A^2O 工艺示范工程吨水基建投资 1 874 元，吨水处理费用 0.39 元，COD 去除率：70.1%，氨氮去除率：81.5%，总磷去除率：77.3%，出水可达到一级 A 排放标准。

（4）适用范围

A^2O 污水处理技术适用于城市污水处理。

4.3.1.5 序批式活性污泥工艺

（1）基本原理

序批式活性污泥工艺（SBR 技术）即间歇活性污泥法，是将沉淀与生物反应有机地结合在一起的一种处理工艺。SBR 技术是进水时在统一的容器中形成具有厌氧（此时不曝气）、缺氧的间歇式处理工序。在进行脱氮除磷时开始曝气充氧，停止进水。SBR 没有回流污泥，也没有好氧、缺氧、厌氧的分区，搅拌、曝气、沉淀、形成厌氧、缺氧、好氧过程均是在同一容器中分时段实行。

（2）工艺流程

序批式活性污泥工艺流程见图 4-7。

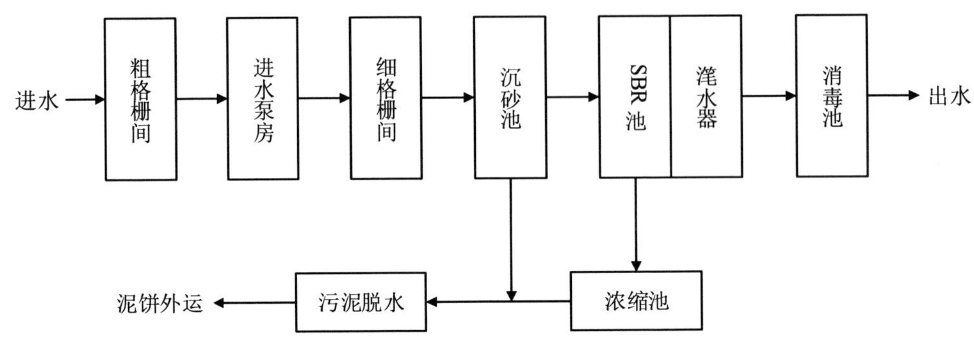

图 4-7 序批式活性污泥工艺流程

（3）主要技术参数

SBR 技术示范工程吨水基建投资 822 元，吨水处理费用 0.52 元，COD 去除率：92%，氨氮去除率：65.3%，总磷去除率：83.7%，出水可达到一级 A 排放标准。

（4）适用范围

SBR 技术适用于城镇生活污水处理。

4.3.1.6 反应沉淀一体式矩形环流生物反应器快速生化污水处理技术

（1）基本原理

反应沉淀一体式矩形环流生物反应器（RPIR）快速生化污水处理技术实现了反应、沉淀、出水的一体化。其核心原理是：①利用曝气产生的气升力，完成污水与污泥的充分混合接触，实现循环；②利用经典化学传质理论提高氧气的传质效率；③污泥在不通电的情况下充分回流，形成类似于 MBR 的微生物滞留作用，使生化池内始终保持高浓度的活性污泥。该技术是一项“成本低、效率高、管理简单、产水优、占地少”的先进技术。

（2）工艺流程

反应沉淀一体式矩形环流生物反应器快速生化污水处理技术工艺流程见图 4-8。

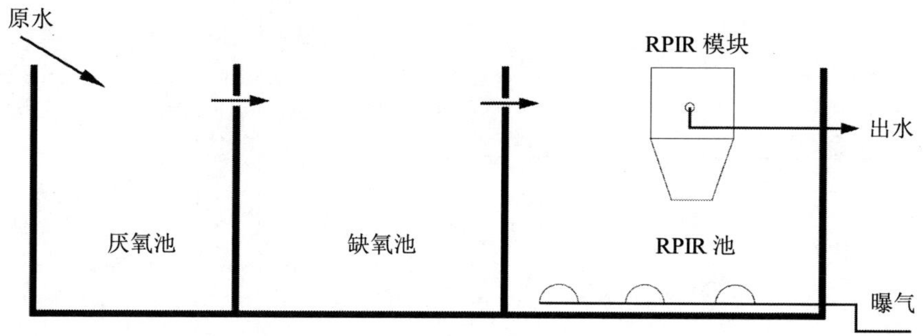

图 4-8　反应沉淀一体式矩形环流生物反应器快速生化污水处理技术工艺流程

（3）主要技术参数

通过对日处理 1 000 t 乡镇生活污水的对比研究发现，与常规活性污泥法相比，该技术可节省土建成本 40%以上，占地面积减少 48%左右。在运行中，可节省 30%的电力消耗。从处理效果来看，该技术在高效去除 COD 的同时，具有更强的脱硝能力。

（4）适用范围

反应沉淀一体式矩形环流生物反应器快速生化污水处理技术适用于处理生活污水及各类可生化性的工业废水。

城镇生活污水处理技术对比见表 4-10。

表 4-10　城镇生活污水处理技术对比

序号	技术名称	吨水建设投资	吨水运行费用	技术成熟度	运行管理难易程度	氨氮去除率/%	总磷去除率/%	COD 去除率/%	适用范围
1	一体式膜—生物反应器污水处理技术	示范工程 3 500 元/t	运行费用为 0.8 元/t	技术较成熟	运行简单	66	60	85	可用于城市污水、各类工业废水的处理与回用、受污染饮用水水源的净化等
2	高效节能型氧化沟技术	示范工程 1 300 元/t	运行费用为 0.6 元/t	技术成熟	运行简单	62	45	82	2 万～20 万 m^3/d 的市政污水处理厂，特别适用于处理低碳源高总氮的低浓度市政污水

序号	技术名称	吨水建设投资	吨水运行费用	技术成熟度	运行管理难易程度	氨氮去除率/%	总磷去除率/%	COD去除率/%	适用范围
3	城镇污水深度除磷脱氮技术	示范工程3 500 元/t	运行费用约为0.5 元/t	技术成熟	运行较简单	70	62	90	适用于执行一级A及更高排放标准的城镇污水处理厂改建、扩建及新建工程
4	厌氧/缺氧/好氧活性污泥处理工艺（A^2O 工艺）	示范工程1 874 元/t	运行费用约为0.39 元/t	技术成熟	运行简单	81.5	77.3	70.1	城市污水处理
5	序批式活性污泥工艺（SBR）	示范工程822 元/t	运行费用约为0.52 元/t	技术成熟	运行简单	65.3	83.7	92	城镇生活污水处理
6	反应沉淀一体式矩形环流生物反应器快速生化污水处理技术	示范工程2 600 元/t	运行费用为0.48 元/t	技术成熟	运行简单	82	55	＞90	生活污水及各类可生化性的工业废水

4.3.2 污泥处理处置技术

4.3.2.1 污泥干化焚烧处理集成技术

（1）技术原理

污泥干化焚烧处理集成技术是利用低压余热蒸汽作为热源，通过螺旋回转式污泥干燥机对污泥进行热干。将污泥干燥过程产生的尾气中的不溶性臭味分离出来，将污泥送入锅炉焚烧。针对污泥含水率高、灰分大的特点，可采用循环流化床污泥焚烧技术，单炉污泥处理能力可达 500 t/d 湿污泥。

（2）工艺流程

污泥干化焚烧处理集成技术工艺流程见图 4-9。

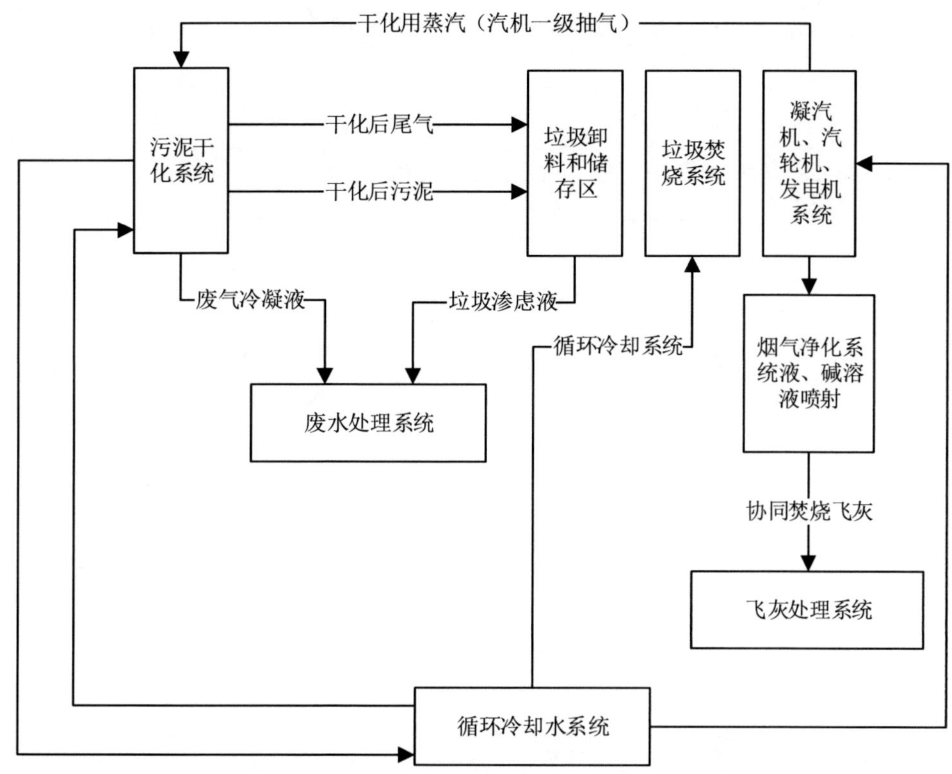

图 4-9　污泥干化焚烧处理集成技术工艺流程

（3）主要技术参数

应用污泥干化焚烧处理集成技术项目建设总投资为 25 万元/t，运行费用为 150 元/t，就绪度 8 级，运行管理容易。污泥干化后减容效果明显，避免污泥无序堆放而产生二次污染。污泥焚烧作为最终处置手段，能够使有机物全部碳化并燃烧完全，杀死病原体。所余 10%的灰渣可实现综合利用。

（4）适用范围

污泥干化焚烧处理集成技术适用于城市污水处理厂污泥处置、工业污泥处置、江河湖泊污泥处置。

4.3.2.2　污泥热水解高级厌氧消化技术

（1）技术原理

高级厌氧消化相较于传统消化，是在厌氧消化前端加入热水解预处理过程。将污泥置于 165℃饱和蒸汽压条件下反应约 30 min，污泥中的絮体发生了解体、微生物的细胞发生破壁，内容物流出、污泥的黏稠度降低，污泥流动性变好。经过热水解后的污泥，更能充分地进行消化，提高有机物的沼气转化率，实现污泥减量化。

（2）工艺流程

污泥热水解高级厌氧消化技术工艺流程见图 4-10。

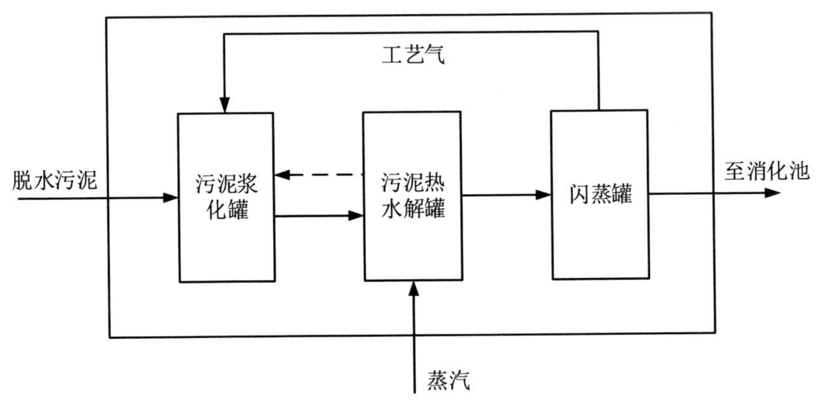

图 4-10 污泥热水解高级厌氧消化技术工艺流程

（3）主要技术参数

应用污泥热水解高级厌氧消化技术项目建设总投资为 65 万元/t，运行费用为 350 元/t，就绪度 8 级，运行管理较容易。通过热电联产产沼气 75 m^3/t，产热用于工艺和建筑采暖蓄热，净发电 100 kW·h/t。

（4）适用范围

污泥热水解高级厌氧消化技术适用于城市污水处理厂污泥处理处置，包括传统污水厂污泥消化项目的升级扩容改造及效能提升，也可用于城市有机垃圾协同处置。

4.3.2.3 河道污染底泥处理技术

（1）技术原理

河道污染底泥处理系统由除杂、洗砂系统，调理改性系统，脱水固化系统，余水处理系统和资源化利用系统组成。实现了从河道清淤到底泥处理集成化、规模化、工厂化、资源化高效率生产。

（2）工艺流程

河道污染底泥处理技术工艺流程见图 4-11。

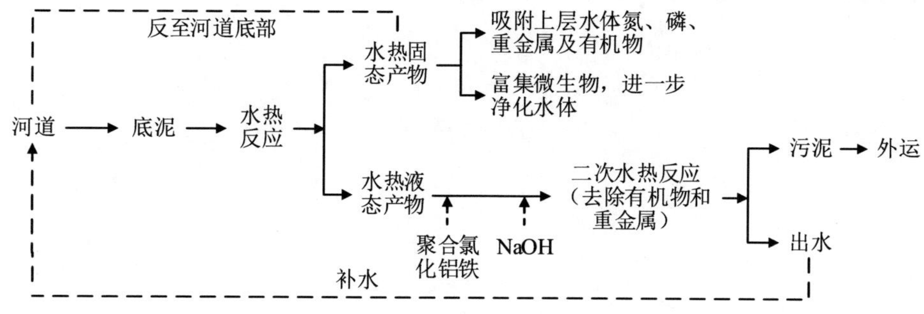

图 4-11 河道污染底泥处理技术工艺流程

（3）主要技术参数

应用河道污染底泥处理技术示范工程总投资为 1.27 亿元，日处理能力 1 000 t，运行费用为 70 元/t。该技术有如下优点：①系统自动化程度高，处理效率高，质量稳定可靠，处理过程环保，受天气影响小，可根据工程需要确定设备数量；②可实现工厂化运营，对周边环境无干扰，适合较大河、湖水环境整治；③可有效筛除建筑及生活垃圾，实现河砂的资源化利用；④经脱水产出的泥饼含水率可控制在 40%以内，可根据不同需要进行资源化利用（筑堤、制陶、回填等）；⑤余水处理系统产出的净水高于原河水水质，不会产生二次污染。

（4）适用范围

河道污染底泥处理技术适用于污染河道底泥及污水处理厂污泥处理处置。

污泥处理处置技术对比见表 4-11。

表 4-11 污泥处理处置技术对比

序号	技术名称	单位投资成本	单位运行费用	技术成熟度	运行管理难易程度	环境污染	处理效果	占地面积	适用范围
1	污泥干化焚烧处理集成技术	25 万元/t	150 元/t	技术成熟	运行简单	污染轻	污泥干化后减容效果明显，避免污泥无序堆放，产生二次污染；污泥焚烧作为最终处置手段，能够使有机物全部碳化并燃烧完全，杀死病原体。所余 10%的灰渣可实现综合利用	8 m^2/m^3	城市污水处理厂污泥处置、工业污泥处置、江河湖泊污泥处置

序号	技术名称	单位投资成本	单位运行费用	技术成熟度	运行管理难易程度	环境污染	处理效果	占地面积	适用范围
2	污泥热水解高级厌氧消化技术	65 万元/t	350 元/t	技术较成熟	运行较简单	污染轻	通过热电联产产沼气 75 m^3/t，产热用于工艺和建筑采暖蓄热，净发电 100 kW·h/t	12 m^2/m^3	城市污水处理厂污泥处理处置，包括传统污水厂污泥消化项目的升级扩容改造及效能提升，也可用于城市有机垃圾协同处置
3	河道污染底泥处理技术	12.7 万元/t	70 元/t	技术成熟	运行简单	无污染	①系统自动化程度高，处理效率高，质量稳定可靠，处理过程环保，受天气影响小，可根据工程需要确定设备数量；②可实现工厂化运营，对周边环境无干扰，适合较大河、湖水环境整治；③可有效筛除建筑及生活垃圾，实现河砂的资源化利用；④经脱水产出的泥饼含水率可控制在 40%以内，可根据不同需要进行资源化利用（筑堤、制陶、回填等）；⑤余水处理系统产出的净水高于原河水水质，不会产生二次污染	5 m^2/m^3	污染河道底泥及污水处理厂污泥处理处置

4.3.3　地下水污染修复技术

4.3.3.1　多级强化地下水污染修复技术

（1）技术原理

多级强化地下水污染修复技术是一种由抽水、布水、修复填料层、覆土层、导气管、修复植物以及监测系统组成的新型地下水修复技术工艺。

（2）工艺流程

多级强化地下水污染修复技术工艺流程见图 4-12。

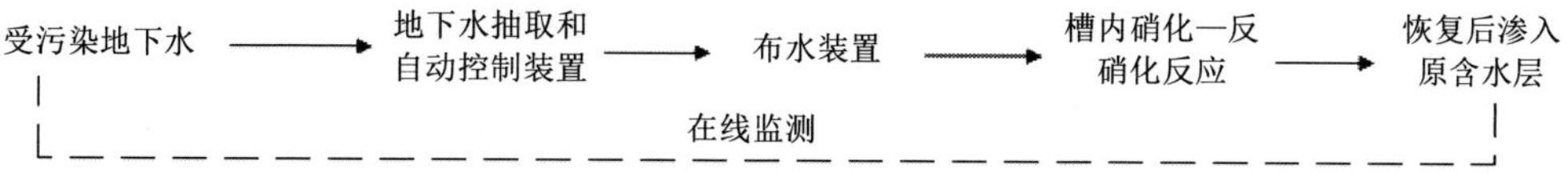

图 4-12　多级强化地下水污染修复技术工艺流程

（3）主要技术参数

应用多级强化地下水污染修复技术示范工程总投资为 13.2 万元/t，运行费用为 1.5 元/t，就绪度 8 级，运行管理容易。污染物去除率达 90%。

（4）适用范围

多级强化地下水污染修复技术适用于地下水中硝酸盐、重金属、有机物污染修复。

4.3.3.2　农业面源氮污染物地下水与地表水一体化控制关键技术

（1）技术原理

该方法以农田水分循环过程及地下水对地表水的补给规律为基础，基于“源头阻控、输移阻断”的理念，形成了“农业面源氮污染地表水与地下水一体化控制技术”，该技术实现了削减农田面源污染负荷，提升了区域内农业面源氮污染控制能力和水平。

（2）工艺流程

农业面源氮污染物地下水与地表水一体化控制关键技术工艺流程见图 4-13。

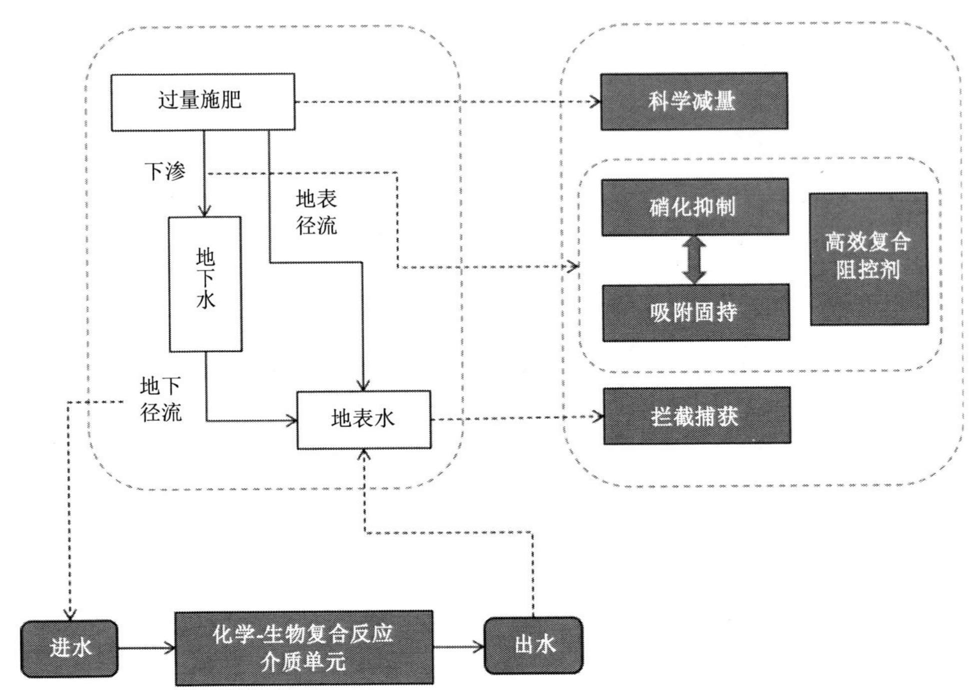

图 4-13 农业面源氮污染物地下水与地表水一体化控制关键技术工艺流程

（3）主要技术参数

应用农业面源氮污染物地下水与地表水一体化控制关键技术示范工程投资为 3 322 元/（$hm^2 \cdot a$），就绪度 7 级，运行管理较容易。硝酸盐去除率达 80%。

（4）适用范围

该技术适用于流域尺度农业面源氮污染综合控制与治理。

4.3.3.3 生活垃圾填埋场地下水污染综合防治关键技术

（1）技术原理

生活垃圾填埋场地下水污染综合防治关键技术原理主要包括：①水动力阻截及渗滤液全量处理技术：将渗滤液抽出后封闭、深度、全量处理，实现地下水污染负荷的“源头削减”；②地下水污染途径全方位“三维”高效阻控技术：联用填埋堆底渗漏点精准定位、垂向防渗及高效阻控、填埋堆体地表全覆膜等技术，实现地下水污染的“过程控制”；③地下水污染多级强化修复技术：高效精准拦截、捕获地下水重污染羽，联用多级强化物理、化学、生物联合修复以及地下水监测预警技术，实现地下水污染的“重点治理”及“监测预警”。

（2）工艺流程

生活垃圾填埋场地下水污染综合防治关键技术工艺流程见图 4-14。

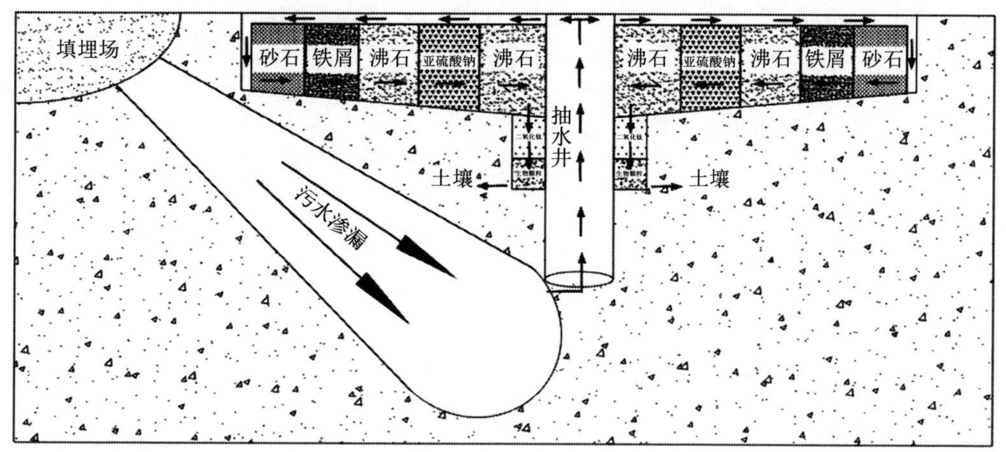

图 4-14　生活垃圾填埋场地下水污染综合防治关键技术工艺流程

（3）主要技术参数

示范工程填埋场地下水污染综合治理项目建设费用约 3 000 万元；通过渗滤液“高级氧化+强化生化”深度处理技术耦合与装备化集成，实现渗滤液全量处理，使渗滤液 MBR 出水 COD 浓度从 800～1 200 mg/L 降至 100 mg/L 以下，减少了项目投资与运营成本，运行成本不超过 30 元/t。地下水修复及监控预警运行维护成本为 20 万元/a，包括人员费用、仪器设备维护和检测费用。准原位地下水修复污染物去除率 90%以上，达到《地下水质量标准》（GB/T 14848—2017）标准。

（4）适用范围

生活垃圾填埋场地下水污染综合防治关键技术，具体适用于地下水埋深较浅、低渗透介质的垃圾填埋场地下水污染治理，主要污染物为有机物（邻苯二甲酸酯类）、氨氮、硝酸盐、亚硝酸盐。

地下水污染修复技术对比见表 4-12。

表 4-12　地下水污染修复技术对比

序号	技术名称	投资成本	运行成本	工艺成熟度	运行管理难易程度	修复时长	环境污染程度	适用范围
1	多级强化地下水污染修复技术	示范工程13.2万元/t	运行费用为1.5元/t	技术成熟	运行简单	1年	污染物去除率达90%	适用于地下水中硝酸盐、重金属、有机物污染修复
2	农业面源氮污染物地下水与地表水一体化控制关键技术	示范工程3 322元/（hm^2·a）	运行成本较低	技术较成熟	运行较简单	1年	硝酸盐去除率达80%	适用于流域尺度农业面源氮污染综合控制与治理
3	生活垃圾填埋场地下水污染综合防治关键技术	示范工程3 000万元	运行成本不超过30元/t	技术较成熟	运行较简单	1年	准原位地下水修复污染物去除率90%以上，达到《地下水质量标准》（GB/T 14848—2017）标准	生活垃圾填埋场地下水污染综合防治关键技术，具体适用于地下水埋深较浅、低渗透介质的垃圾填埋场地下水污染治理，主要污染物为有机物（邻苯二甲酸酯类）、氨氮、硝酸盐、亚硝酸盐

4.3.4　工业废水处理技术

4.3.4.1　重金属高浓度氨氮废水资源化处理技术

（1）技术原理

针对工业生产复杂废水氨氮浓度高、含重金属、组成复杂、处理难度大的特点，利用氨与水分子挥发度的差异，采用汽提精馏方法对废水中氨氮进行深度脱除处理。该技术重点攻克了药剂强化热解络合—分子精馏技术、精馏汽提塔及塔内件设计技术、高温高碱阻垢分散技术、全过程自动监控技术等。有效解决了废水中重金属—氨络合物导致氨氮深度分离困难的问题，改善了气液传热传质效果，提高了设备防堵阻垢能力，实现了废水处理过程的自动、实时、精准控制，在节约能源的同时实现了氨氮的深度脱除，并将水、氨、金属等有价资源内部循环，最终实现污染物的源头减排和废弃物资源化再利用。

（2）工艺流程

重金属高浓度氨氮废水资源化处理技术工艺流程见图 4-15。

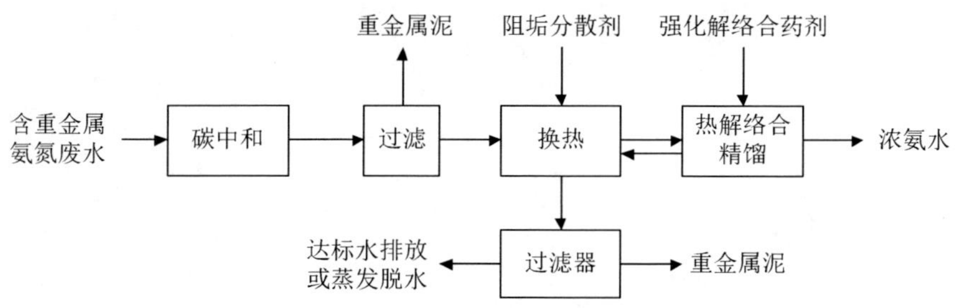

图 4-15　重金属高浓度氨氮废水资源化处理技术工艺流程

（3）主要技术参数

应用该技术工程吨水建设投资为 15 000 元/（m^3·d），运行费用为 25 元/t。

①原水氨氮浓度：1～70 g/L，处理后出水氨氮浓度：＜10 mg/L；

②进水重金属浓度：10～200 mg/L，处理后出水重金属浓度：＜1 mg/L（以镍为例）；

③回收氨水：回收浓度超过 16%的高纯浓氨水；

④回收金属氢氧化物。处理后水质优于国家一级排放标准《污水综合排放标准》（GB 8978—1996）。

（4）适用范围

该技术适用于有色冶金（镍钴、钨钼、钒、锆、铌钽）、新能源电池材料正极前驱体、新材料、稀土、氮肥、煤化工等行业产生的含重金属、高浓度氨氮复杂废水处理。

4.3.4.2　新型一体化 BioDopp 工艺工业废水处理技术

（1）技术原理

该技术是一种高效的活性污泥废水处理技术。结合氧化沟工艺全液内回流、A^2O 工艺不同功能区划、CASS 工艺微生物预选区等优点，辅以高效曝气技术，通过创新的汽提技术形成一体化生化处理工艺。

（2）工艺流程

新型一体化 BioDopp 工艺工业废水处理技术工艺流程见图 4-16。

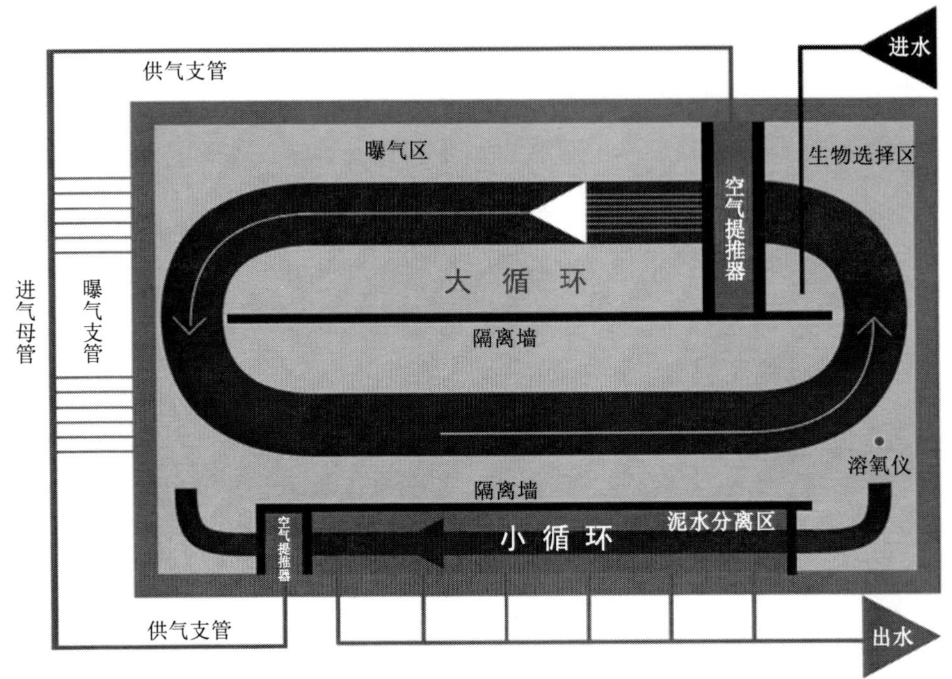

图 4-16 新型一体化 BioDopp 工艺工业废水处理技术工艺流程

（3）主要技术参数

应用该技术工程吨水建设投资为 500 元/（m^3·d），运行费用为 0.55 元/t。COD＜800 mg/L 情况下，应用该技术再结合深度氧化，出水可达到《城镇污水处理厂污染物排放标准》（GB 18918—2002）的一级 A 排放标准。COD≥800 mg/L 情况下，应进行生化处理，处理后出水可达到污水纳管排放标准。

（4）适用范围

该技术适用于市政污水、工业废水、填埋场垃圾渗滤液处理等行业领域。

4.3.4.3 微米载体流化床工艺技术

（1）技术原理

微米载体流化床（MiCBAR）工艺是把微米载体流化工艺和生物处理工艺结合在一起，通过两者协同作用，使生化处理能力显著提升。MiCBAR 系统的最根本的要点是，污染物在反应池内的停留时间被大大延长，上限几乎接近系统的固体停留时间，远大于普通活性污泥法的水力停留时间。

（2）工艺流程

微米载体流化床工艺流程见图 4-17。

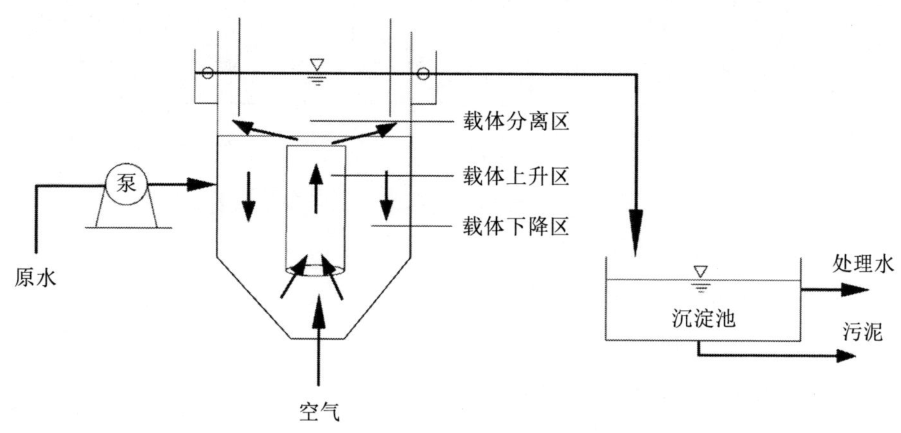

图 4-17　微米载体流化床工艺流程

（3）主要技术参数

应用该技术示范工程总投资 1.35 亿元，设备投资 8 000 万元，日处理能力 2 万 t。年运行费用 3 400 万元，运行费用 5 元/t。通过全厂 DCS 系统，实现了全厂高度自动控制。出水 COD＜60 mg/L；剩余污泥产量是常规活性污泥法的 1/5～1/3，节省污泥处理费用。各生化单元无臭味，环境友好。自动化程度高，降低了人工运行成本。

（4）适用范围

该技术适用于石油、化工、医药、农药、煤化工等行业。特别适用于中大型企业、工业园区废水处理。

4.3.4.4　“SMF+HAPRO”浓水循环中水回用技术

（1）技术原理

该技术利用 SMF 系统曝气降低了废水/污水中有机物浓度，超滤膜过滤出微米/亚微米级粒子；不含微米/亚微米颗粒且有机物浓度低的滤液流入高抗污染反渗透系统，采用浓水内循环，膜管两侧分时，大流量错流冲洗膜侧污染物等技术已经实现了废水/污水回用为纯水，大大降低了 RO 膜的表面污染程度。

（2）工艺流程

“SMF+HAPRO”浓水循环中水回用技术工艺流程见图 4-18。

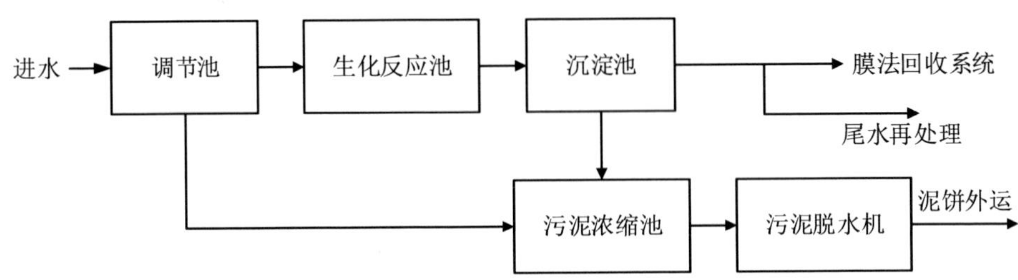

图 4-18 “SMF+HAPRO”浓水循环中水回用技术工艺流程

（3）主要技术参数

进水要求：pH 为 6～9，COD≤200 mg/L，色度≤50 倍，SS≤70 mg/L，总铁≤0.2 mg/L，硬度≤100 mg/L。出水标准：出水可达国家相关排放标准。

（4）适用范围

该技术适用于电镀、印染行业废水深度处理及回用，也适用于海水淡化、石油化工、氯碱化工、皮革废水、钢铁废水和物料分离等工业废水深度处理及回用，主要应用于好氧池或二沉池出水的深度处理。

工业废水处理技术对比见表 4-13。

表 4-13 工业废水处理技术对比

序号	技术名称	投资成本	运行费用	工艺成熟度	运行管理难易程度	处理效果	环境污染程度	适用范围
1	重金属高浓度氨氮废水资源化处理技术	15 000 元/(m^3·d)	25 元/t	技术成熟	运行简单	①原水氨氮浓度：1～70 g/L，处理后出水氨氮浓度：＜10 mg/L；②进水重金属浓度：10～200 mg/L，处理后出水重金属浓度：＜1 mg/L（以镍为例）；③回收氨水：回收浓度超过 16%的高纯浓氨水；④回收金属氢氧化物。处理后水质优于国家一级排放标准《污水综合排放标准》（GB 8978—1996）	污染程度低	适用于有色冶金（镍钴、钨钼、钒、锆、铌钽）、新能源电池材料正极前驱体、新材料、稀土、氮肥、煤化工等行业产生的含重金属、高浓度氨氮复杂废水处理

序号	技术名称	投资成本	运行费用	工艺成熟度	运行管理难易程度	处理效果	环境污染程度	适用范围
2	新型一体化 BioDopp 工艺工业废水处理技术	500 元/（m^3·d）	0.55 元/t	技术较成熟	运行简单	COD＜800 mg/L 情况下，应用该技术再结合深度氧化，出水可达到《城镇污水处理厂污染物排放标准》（GB 18918—2002）的一级 A 排放标准。COD≥800 mg/L 情况下，应进行生化处理，处理后出水可达到污水纳管排放标准	污染程度低	适用于市政污水、工业废水、填埋场垃圾渗滤液处理等行业领域
3	微米载体流化床工艺技术	1.35 亿元	5 元/t	技术成熟	运行简单	出水 COD＜60 mg/L；剩余污泥产量是常规活性污泥法的 1/5～1/3，节省污泥处理费用；各生化单元无臭味，环境友好；自动化程度高，降低了人工运行成本	污染程度低	适用于石油、化工、医药、农药、煤化工等行业。特别适用于中大型企业、工业园区废水处理
4	“SMF+HAPRO”浓水循环中水回用技术	18 000 元/（m^3·d）	21 元/t	技术较成熟	运行较简单	进水要求：pH 为 6～9，COD≤200 mg/L，色度≤50 倍，SS≤70 mg/L，总铁≤0.2 mg/L，硬度≤100 mg/L。出水标准：出水可达相关排放标准	污染程度低	适用于电镀、印染行业废水深度处理及回用，也适用于海水淡化、石油化工、氯碱化工、皮革废水、钢铁废水和物料分离等工业废水深度处理及回用，主要应用于好氧池或二沉池出水的深度处理

4.3.5 农村污水处理技术

4.3.5.1 可持续发展的新型农村生活污水处理技术

（1）技术原理

该技术在实现出水稳定达标的同时，基于“生物单元重点处理有机污染物和生态单元重点处理氮磷”的基本原理，结合单元创新技术与工艺系统，从而得到具有节能、高效等优点的可选单元组合的工艺。

（2）工艺流程

可持续发展的新型农村生活污水处理技术工艺流程见图 4-19。

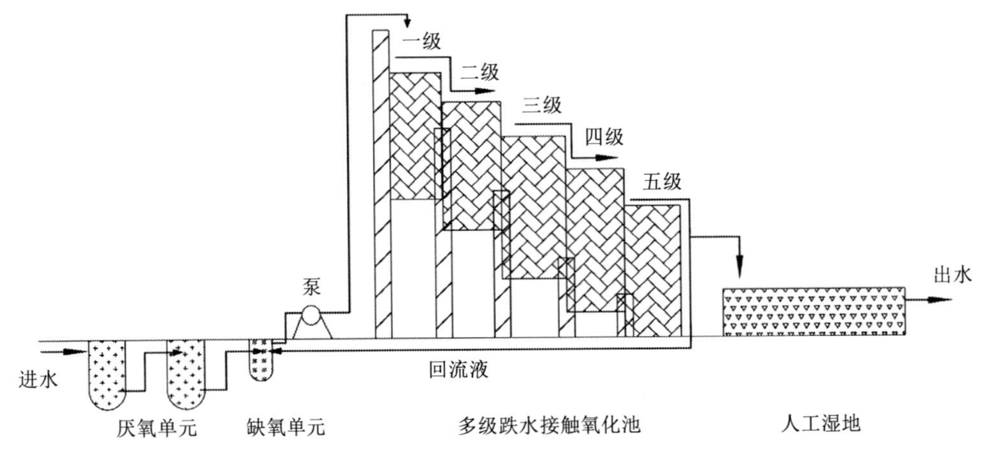

图 4-19 可持续发展的新型农村生活污水处理技术工艺流程

（3）主要技术参数

采用该技术的示范工程投资为 8 000 元/m^3，运行费用约为 0.15 元/m^3，就绪度 8 级，运行管理容易。COD 去除率＞90%，BOD_5 去除率＞90%，SS 去除率＞90%，NH_4^+-N 去除率＞95%，TN 去除率＞65%，TP 去除率＞70%。

（4）适用范围

该技术适用于农村村落生活污水处理。

4.3.5.2 离网式污水处理技术

（1）技术原理

离网式污水处理技术基于微生物智能调控，依靠规模化、自动化、智能化的手段，实现生活污水的去中心化建设和运维。应用该技术使微生物固定化率高达 90%，可大幅增强微生物处理系统的抗负荷冲击能力，具备耐低温、耐冲击、耐饥饿、高效低耗、稳定持久的特点。

（2）工艺流程

离网式污水处理技术工艺流程见图 4-20。

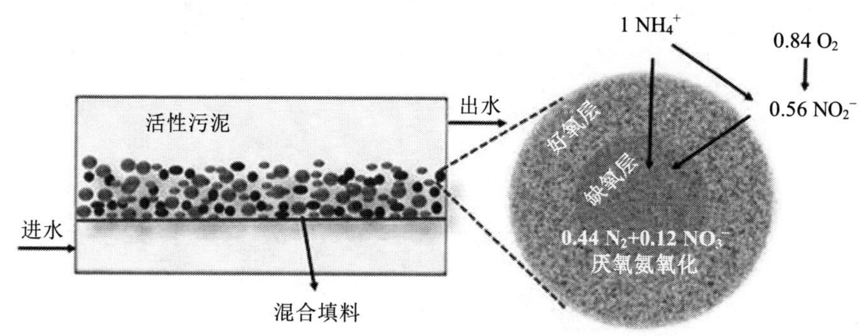

图 4-20　离网式污水处理技术工艺流程

（3）主要技术参数

应用该技术 TP 去除率可达《城镇污水处理厂污染物排放标准》（GB 18918—2002）一级 A 排放标准。

（4）适用范围

离网式污水处理是指尽可能主动地在污染源头实现就地处理，尽可能在最小的单元进行处理的污水处理，如在单体农户、农家乐、民宿、别墅区、公厕、边防哨所、海上牧场、海岛、学校、医院、酒店、居民小区、园区、城中村、临时工地、军营等生活污水产生的源头就地处理后达标排放或回用。

4.3.5.3　兼氧膜生物反应器技术

（1）技术原理

兼氧膜生物反应器技术（FMBR 技术）是金达尔自主研发的核心专利技术。该技术通过特征微生物的作用，在日常运行中基本不排放有机污泥的情况下，实现了碳、氮、磷的同时降解，并具备高效的监督和控制能力。源头分布式污染治理模式实现了城市污水、黑臭水体和乡镇污水的高效治理，为我国水环境综合治理提供了一条新途径。该技术是对传统污水处理技术的一次突破，推动了污水处理从传统的非标准化设备向标准化高端设备升级，从传统的集中式污水处理模式向分布式污水处理模式的转变。与传统工艺多工艺环节相比，仅需一台机组即可同时处理污水中的碳、氮、磷污染物，可大大减少项目综合投资，节约土地资源，节约综合运行成本，并大大减少有机残留物污染。

（2）工艺流程

兼氧膜生物反应器技术工艺流程见图 4-21。

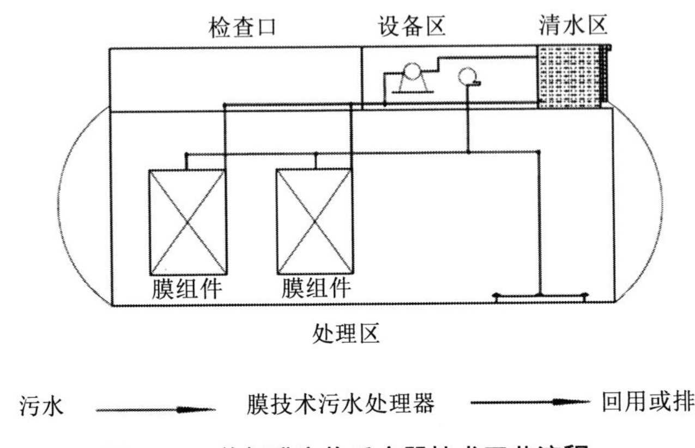

图 4-21 兼氧膜生物反应器技术工艺流程

（3）主要技术参数

①日常运行过程无有机剩余污泥排放，大幅减少污泥处置费用；

②管理简单，无须专业人员现场值守，节省人工成本 90%以上；

③设备占地面积不超过 0.3 m^2/t 水，较常规污水处理工艺节省 75%以上，较常规膜生物反应器节省 50%以上；

④出水水质达到一级 A 排放标准。

（4）适用范围

该技术适用于乡镇村污水、景区等不便接入市政管网的分散有机污水治理场合，且不受规模和地区限制。

4.3.5.4 分散式高负荷点源深度氮磷去除一体化污水处理设备

（1）技术原理

一体化设备核心采用了自养反硝化材料合成技术、基于无机矿物质材料的自养/异养协同反硝化深度氮磷去除技术（NSAD 技术）以及高效生物接触氧化降解污染物技术 3 项核心技术。实现了低有机碳浓度条件下氮的深度去除，出水氮磷达到地表水Ⅳ类水质标准，耐冲击负荷能力强，无须回流，污泥产量少，工艺简洁，突破传统基于 A^2/O 或 A/O 的污水处理工艺。

（2）工艺流程

分散式高负荷点源深度氮磷去除一体化污水处理设备工艺流程见图 4-22。

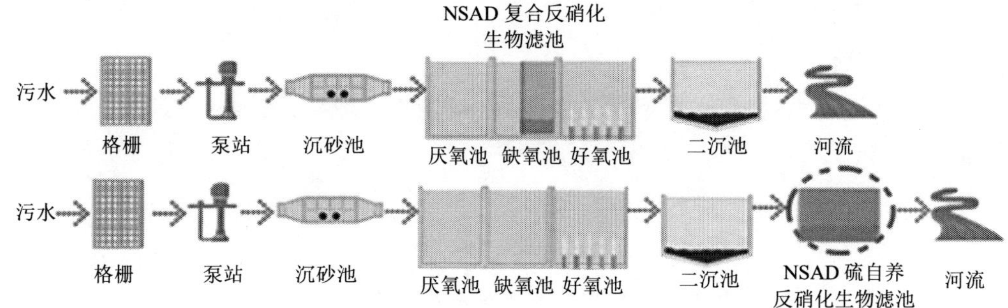

图 4-22 分散式高负荷点源深度氮磷去除一体化污水处理设备工艺流程

（3）主要技术参数

①以废治废，利用脱硫塔废弃物和农业废弃物加工合成净水材料，并进一步构建协同反硝化体系；

②利用廉价的无机尾矿材料构建反应体系，对环境友好，减少二次污染，且能有效降低建设和运行成本；

③无须碳源投加，高负荷 COD 去除率达 80%，同时氮磷去除率由 50%提高到 80%以上，运行成本由原来的 1.2 元/t 降低 20%以上；

④尺寸大小 1 000 mm×1 000 mm×1 300 mm；

⑤总功率＜48 W；

⑥处理量为 3 m^3/d；

⑦设计进水水质 SS＜300 mg/L，COD＜500 mg/L，氨氮＜50 mg/L，TN＜80 mg/L，TP＜10 mg/L；

⑧出水水质一级 A 排放标准，总氮可达 10 mg/L。

（4）适用范围

该技术适用于河湖库污染点源、农村生活污水处理。

4.3.5.5 寒冷地区农村生活污水处理多级高效一体化反应器

（1）技术原理

多级高效一体化反应器采用 AO 接触氧化泥膜共混生物处理工艺，通过科学的结构设计，创新性地将缺氧、好氧、沉淀等功能集成于多层罐一体化结构，同时罐内充填三维螺旋生物绳填料，可在实现降解有机污染物的同时同步硝化反硝化脱氮；通过定流量优化分配设计实现曝气增氧、曝气搅拌、气提回流等功能一泵完成；充分利用悬浮活性污泥和附着生物膜二者协同作用，确保系统内微生物菌群丰富、生物量大，活性高，出水达到一级 B 排放标准。

（2）工艺流程

寒冷地区农村生活污水处理多级高效一体化反应器工艺流程见图 4-23。

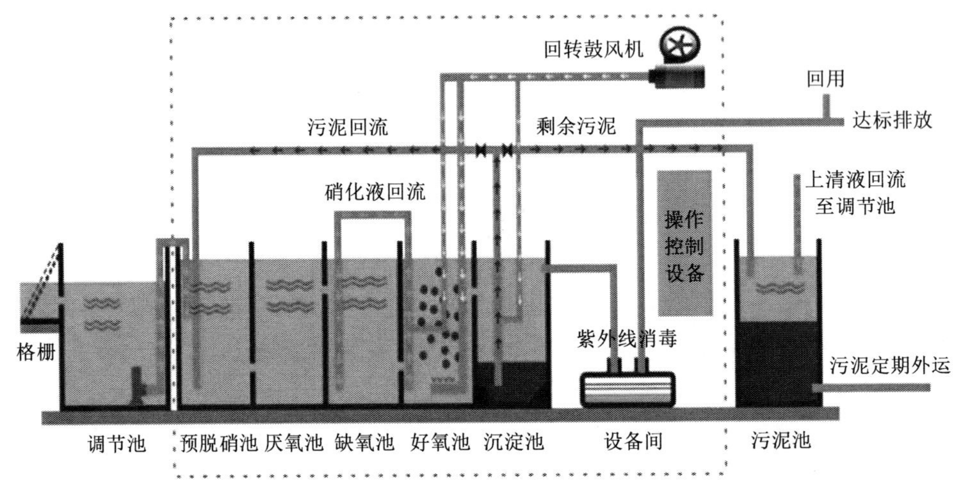

图 4-23　寒冷地区农村生活污水处理多级高效一体化反应器工艺流程

（3）主要技术参数

①节省占地面积 20%以上，占地 0.4～1.5 m^2/t 水；

②节能 15%，电耗 0.2～0.3 元/t 水。

（4）适用范围

该技术适用于人口密度小、地形复杂、污水不易收集入网的分散式污水处理，如农户较分散的村庄、高速服务区、别墅区、农家乐等。

农村污水处理技术对比见表 4-14。

表 4-14　农村污水处理技术对比

序号	技术名称	吨水建设投资	吨水运行费用	技术成熟度	运行管理难易程度	TN 去除率	TP 去除率	COD 去除率	适用范围
1	可持续发展的新型农村生活污水处理技术	示范工程 8 000 元/m^3	运行费用约为 0.15 元/m^3	技术较成熟	运行较简单	NH_4^+-N 去除率＞95%，TN 去除率＞65%	TP 去除率＞70%	COD 去除率＞90%，BOD_5 去除率＞90%，SS 去除率＞90%	农村村落生活污水处理

序号	技术名称	吨水建设投资	吨水运行费用	技术成熟度	运行管理难易程度	TN 去除率	TP 去除率	COD 去除率	适用范围
2	离网式污水处理技术	示范工程 9 000 元/m^3	运行费用约为 0.10 元/m^3	技术成熟	运行较简单	TN 去除率＞70%	TP 去除率＞70%	COD 去除率＞92%	离网式污水处理是指尽可能主动地在污染源头实现就地处理，尽可能在最小的单元进行处理的污水处理，如在单体农户、农家乐、民宿、别墅区、公厕、边防哨所、海上牧场、海岛、学校、医院、酒店、居民小区、园区、城中村、临时工地、军营等生活污水产生的源头就地处理后达标排放或回用
3	兼氧膜生物反应器技术	示范工程 7 500 元/m^3	运行费用约为 0.3 元/m^3	技术成熟	运行简单	TN 去除率＞60%	TP 去除率＞65%	COD 去除率＞94%	FMBR 技术适于黑臭水体治理、已建污水处理厂提标扩容以及乡镇村污水、高速服务区、景区等不便接入市政管网的分散有机污水治理场合，且不受规模和地区限制
4	分散式高负荷点源深度氮磷去除一体化污水处理设备	示范工程 6 000 元/m^3	运行费用约为 1.0 元/m^3	技术成熟	运行简单	TN 去除率＞85%	TP 去除率＞70%	COD 去除率＞80%	河湖库污染点源、农村生活污水处理

序号	技术名称	吨水建设投资	吨水运行费用	技术成熟度	运行管理难易程度	TN 去除率	TP 去除率	COD 去除率	适用范围
5	寒冷地区农村生活污水处理多级高效一体化反应器	示范工程 7 000 元/m^3	运行费用 0.2～0.3 元/t 水	技术成熟	运行简单	TN 去除率＞70%	TP 去除率＞65%	COD 去除率＞85%	人口密度小、地形复杂、污水不易收集入网的分散式污水处理，如农户较分散的村庄、高速服务区、别墅区、农家乐等

4.3.6 河流水生态修复技术

4.3.6.1 国合凯希水生态修复技术

（1）技术原理

该技术利用石头、木材等原生材料，还原大自然的生态河湖，结合有机、无机材料改善河湖水质，为周围居民营造美好的亲水空间。该方法既考虑了生态理念又结合了地区经济发展，不仅可以修复河流水生态，还具有防洪、景观、旅游等功能。

（2）主要技术参数

应用该技术的项目投资成本 600 万元/km^2，运行成本 20 万元/（$km^2 \cdot a$）。

（3）适用范围

该技术适用于水环境与水生态修复等领域。

4.3.6.2 富藻水磁捕处理技术

（1）技术原理

从水中打捞移除浮游藻类等富营养物质需要进行藻（污）/水分离。传统的絮凝沉淀法对藻类（污垢）/水的分离需要 5～8 min。沉淀阶段的时间是絮凝阶段的 2～3 倍，完成藻类（污垢）/水分离的总时间为 20～30 min。该技术在絮凝阶段“吸收”藻类细胞和污染物絮体，将藻类（污垢）/水分离总时间缩短至常规絮凝沉淀法的 1/6～1/5，效率提高 5～6 倍，实现藻类（污垢）/水的连续快速分离。该技术的实现包括两个相互耦合的过程：磁凝聚和磁分离。磁凝聚是基于水污染物（藻类细胞等）的加性，使弱磁性或非磁性污染物具有强磁性。磁分离是在外部磁场的帮助下分离磁性聚集体。具体来说，将磁性捕集剂放入藻类（土壤）水中，通过颗粒或分子之间的亲和力，使水中的藻类细胞和其他胶体颗粒聚集形成磁性聚集体。磁性骨料在水力作用下继续生长，并在流经磁选机时被磁场吸引。由于水分子是非磁性的，除由于表面张力而由磁性聚集体携带的水外，吸附在磁选机上的聚集体主要是含有颗粒污染物（如藻类细胞）的磁性聚集体。随着磁选机的旋转，磁性团聚体移出水体，清洁的水返回湖泊，达到在线连续分离藻类（污垢）/水的目的。

（2）工艺流程

富藻水磁捕处理技术工艺流程见图 4-24。

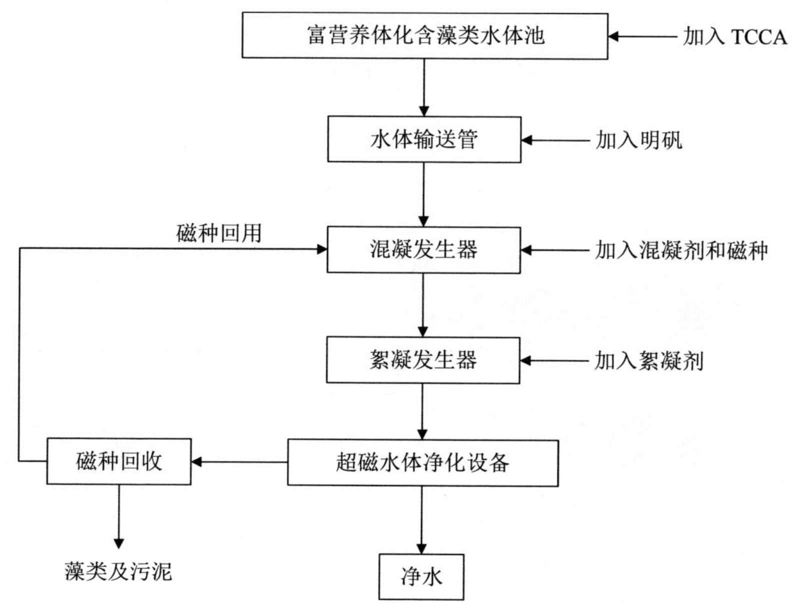

图 4-24　富藻水磁捕处理技术工艺流程

（3）主要技术参数

应用该技术进行 10 000 m^3/d 规模建设投资为 1 400 万元，运行成本 3.3 元/m^3 藻水，技术成熟度高，是当前各类富营养化水体蓝藻处置、除污除磷的优异实用技术。具有处理量大、效率高、出水优、机动灵活的特点。COD、SS、TN 去除率为 30%～95%；出水水质优，生态安全：总磷含量达到国家湖、库水质标准Ⅱ～Ⅲ类（0.025～0.05 mg/L），藻细胞的去除率为 90%～99%，大多数情况下达到 97%以上。

（4）适用范围

该技术适用于具一定面积敞开水面、水深不低于 1.2 m 的各类水体中浮游藻类等富营养化物质的工程化、规模化打捞移除。

4.3.6.3 基于底泥洗脱的水体内源治理暨生态修复技术

（1）技术原理

该技术原理：在由泥浆表面和固体边界组成的相对封闭的盒子中，产生受壁约束的湍流，使泥浆—水界面之间沉积的污染物分散在上覆水中，同时产生受固体边界约束的上覆水湍流，湍流完全冲刷了内部，不同粒径的颗粒进一步分散，形成了粒径梯度的垂向分布，粗颗粒沉降后与底泥形成稳定沉积层，细颗粒悬浮在水中，利用絮凝沉淀等方法去除，清澈的水返回水体。

（2）工艺流程

基于底泥洗脱的水体内源治理暨生态修复技术工艺流程见图 4-25。

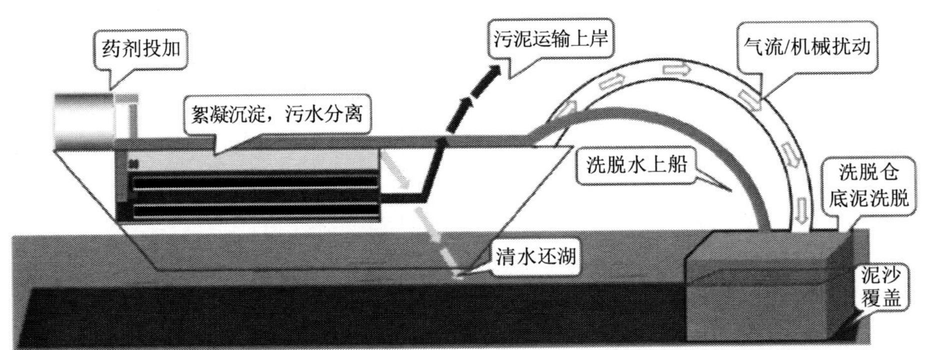

图 4-25　基于底泥洗脱的水体内源治理暨生态修复技术工艺流程

（3）主要技术参数

应用该技术初期投资少，运行费用较低，对周边水体基本无扰动，出水悬浮物低于 30 mg/L，出水总磷、总氮均优于地表Ⅳ类标准。

（4）适用范围

该技术适用于各类地表浅水型（水深＜2 m）富营养化（含黑臭）水体的内源污染治理和生态修复。对水体面积、构型、区位等无特殊要求，可根据水体特点分别制定适用的整治方案、技术路线，设计制作适用装备。一体化装备适用水面宽＞8 m、水深＞0.55 m。

4.3.6.4　食藻虫引导水下生态修复技术

（1）技术原理

“食藻昆虫”指导水下生态修复技术是利用食藻昆虫摄取富营养化水体中的蓝绿藻和有机碎屑，来快速提高水体透明度，从而构建或恢复健康的水生态系统，恢复水生物多样性、生态系统结构和功能，展现水下生命之美。

（2）工艺流程

食藻虫引导水下生态修复技术工艺流程见图 4-26。

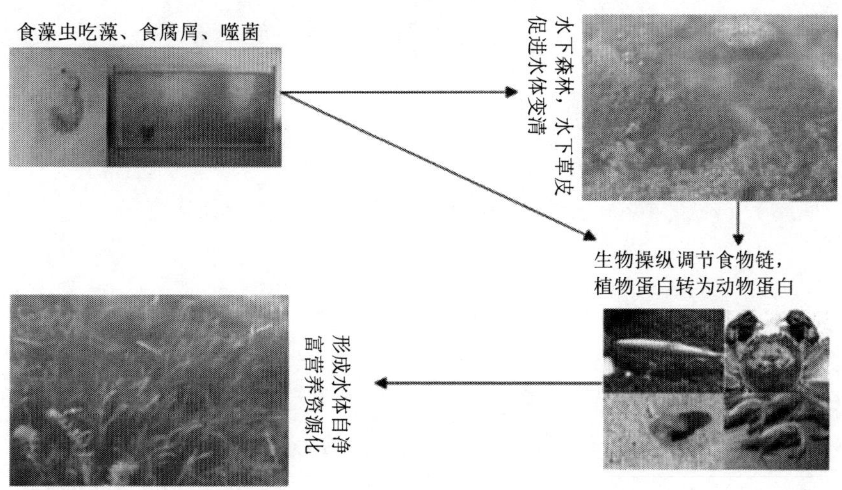

图 4-26　食藻虫引导水下生态修复技术工艺流程

（3）主要技术参数

①示范工程水体透明度达到 1.5 m 以上，氨氮、总磷、高锰酸盐指数、溶解氧、化学需氧量等主要河湖水质指标达到地表水Ⅲ～Ⅳ类水质标准。

②河湖水下草皮覆盖率达 60%以上。

（4）适用范围

该技术适用于河湖水生态修复。

4.3.6.5　全生态自净型水体修复与构建技术

（1）技术原理

该技术的核心是在源头控制和拦截污染的前提下，通过水生植物、水生动物、微生物等生物防治手段，人为构建水生态系统，实现水下生态的自我循环和自我净化。

（2）工艺流程

全生态自净型水体修复与构建技术工艺流程见图 4-27。

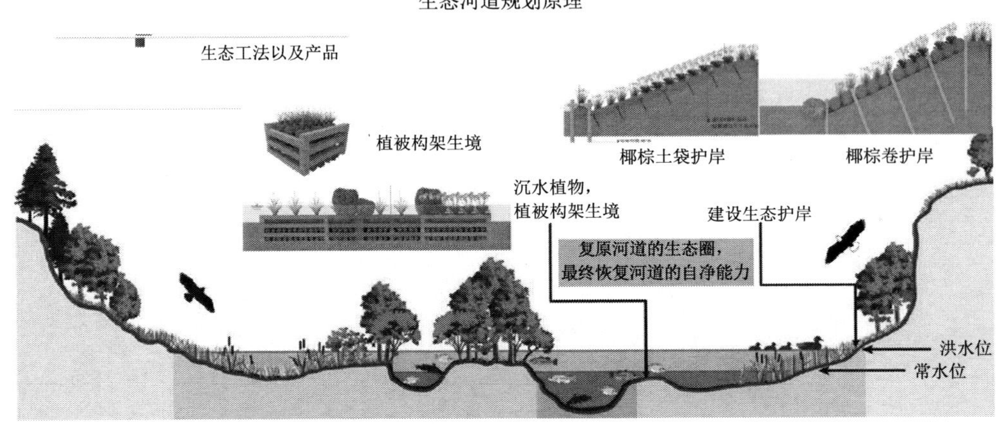

图 4-27 全生态自净型水体修复与构建技术工艺流程

（3）主要技术参数

修复前水质数据如下：总氮浓度在 2.0 mg/L 左右；总磷浓度约 120 μg/L；叶绿素 a 浓度均值为 80 μg/L；悬浮物含量一般在 30 mg/L 左右；透明度均值为 35 cm。

修复后水体清澈，主要指标达到国家景观娱乐用水 C 类标准以上，具体指标包括：透明度达 100 cm 以上；总磷浓度平均值在 50 μg/L 以下；叶绿素 a 浓度在 15 μg/L 以下；溶解氧浓度在 4 mg/L 以上；主要水生生物多样性增加 50%以上。

（4）适用范围

该技术适用于河湖生态环境治理。

4.3.6.6 原位选择性激活 PGPR（根际促生菌）生态修复技术

（1）技术原理

该技术是将原位激活 PGPR 所需的各种营养素（微量元素、碳源、酶等载体），通过微包覆技术制成均匀的颗粒，置于人工搭建的生物平台上，持续为 PGPR 提供这些营养素。不断地激活供水环境中的生物体，使它们不断繁殖。通过好氧反硝化、微生物同步硝化反硝化脱磷，建立高效的食物链，减少水中的富营养物质，如氮、磷等，这样不仅可以改善水质，恢复水生态，还可以减少富营养物质在污泥中实现生物脱泥（最大减少污泥量可达 40%）。

（2）工艺流程

原位选择性激活 PGPR（根际促生菌）生态修复技术工艺流程见图 4-28。

图 4-28　原位选择性激活 PGPR（根际促生菌）生态修复技术工艺流程

（3）主要技术参数

①河流黑臭：1～2 个月可以消除水体黑臭。

②湖泊蓝藻：治理 2～6 个月后，水面无漂浮死蓝藻，蓝藻密度低于 400 万个细胞/L。

③市内河及外河水质：3～6 个月内水体中 COD、氨氮、总磷和总氮的含量可以大幅降低，水质从劣Ⅴ类提升至Ⅴ类水；6～12 个月内可以实现水质指标 COD、氨氮和总磷提升至Ⅳ类水的目标。

（4）适用范围

该技术适用于河流、湖泊、海水等水体生态修复。

河流水生态修复技术对比见表 4-15。

表 4-15　河流水生态修复技术对比

序号	技术名称	工艺成熟度	运行管理难易程度	处理效果	适用范围
1	国合凯希水生态修复技术	技术成熟	运行简单	具备更多动植物栖息、避难的空间，有利于生物多样性的发展	黑臭水体治理与维护、景观水体治理与维护、水环境与水生态修复等领域
2	富藻水磁捕处理技术	技术较成熟	运行较简单	COD、SS、TN 去除率为 30%～95%；出水水质优，生态安全：总磷含量达到国家湖、库水质标准Ⅱ～Ⅲ类（0.025～0.05 mg/L），藻细胞的去除率为 90%～99%，大多数情况下达到 97%以上	具一定面积敞开水面、水深不低于 1.2 m 的各类水体中浮游藻类等富营养化物质的工程化、规模化打捞移除

序号	技术名称	工艺成熟度	运行管理难易程度	处理效果	适用范围
3	基于底泥洗脱的水体内源治理暨生态修复技术	技术较成熟	运行较简单	尾水悬浮物低于 30 mg/L，TP 含量优于地标Ⅳ类标准，TN 不劣于河湖原水	各类地表浅水型（水深＜2 m）富营养化（含黑臭）水体的内源污染治理和生态修复；对水体面积、构型、区位等无特殊要求，可根据水体特点分别制定适用的整治方案、技术路线，设计制作适用装备；一体化装备适用水面宽＞8 m、水深＞0.55 m
4	食藻虫引导水下生态修复技术	技术成熟	运行简单	水体透明度达到 1.5 m 及以上，主要水质主要富营养指标（氨氮、总磷、高锰酸盐指数、溶解氧、化学需氧量）达到国家地表水Ⅲ～Ⅳ类水标准；水下森林和水下草皮覆盖率达 60%及以上，水生植物保持四季常绿，形成优美的水下景观	河湖水生态修复
5	全生态自净型水体修复与构建技术	技术成熟	运行简单	修复前水质数据如下：总氮浓度在 2.0 mg/L 左右；总磷浓度约 120 μg/L；叶绿素 a 浓度均值为 80 mg/L 以下；悬浮物含量一般在 30 mg/L 左右；透明度均值为 35 cm。修复后水体清澈，透明度达 100 cm 以上；总磷浓度平均值在 50 μg/L 以下；叶绿素 a 浓度在 15 μg/L 以下；溶解氧浓度在 4 mg/L 以上；主要水生生物多样性增加 50%以上	河湖生态环境治理
6	原位选择性激活 PGPR（根际促生菌）生态修复技术	技术成熟	运行简单	市内河及外河水质：3～6 个月内水体中 COD、氨氮、总磷和总氮的含量可以大幅降低，水质从劣Ⅴ类提升至Ⅴ类水；6～12 个月内可以实现水质指标 COD、氨氮和总磷提升至Ⅳ类水的目标	河流、湖泊、海水等水体生态修复

4.3.7　湖泊水生态修复技术

4.3.7.1　湖滨—缓冲带生态建设成套技术

（1）技术原理

湖滨—缓冲带生态建设成套技术是根据湖泊陆域到水域，划定缓冲带农业生产区—缓冲带防护隔离区—湖滨带的空间布局，结合各区域现状及问题，分别采用适宜的技术体系，包括缓冲带农业生产区短流径入河农田尾水强化拦截净化技术、缓冲带防护隔离区林下低生物量草坪建植与径流拦截净化技术、堤岸型湖滨带水生植物倒置式配置技术。最终形成地域空间上有机衔接、生态结构上合理延续、污染迁移上有效缓冲的生态屏障。

（2）工艺流程

该技术基本工艺：农田尾水污染物拦截净化（缓冲带农业生产区）—林下低生物量草坪建植与径流蓄滞净化（缓冲带防护隔离区）—堤岸湖滨植物倒置式配置（堤岸型湖滨带），具体分解如下：

①缓冲带农业生产区除对普通农田排水沟渠进行生态化改造外，还对短流径入河农田尾水根据地势建设强化净化湿地；

②根据现有地形和现状，采用不同方式（明渠或涵管）连通缓冲带农业生产区和防护隔离区，使农业生产区径流进入防护隔离区进一步净化，实现缓冲的目的；

③缓冲带防护隔离区建植低生物量草坪，草坪品种选择依据耐阴、本地种等基本原则；

④在建植低生物量草坪的基础上，构建林下地表径流收集与净化系统，包括径流收集沟、径流蓄滞池、边界缓冲湿地及生态调节塘等；

⑤根据堤岸型湖滨带的特点，采用倒置式的水生植物配置方式，辅以潜堤消浪等技术，为区域内整体水生植物恢复和演替创造适宜的条件。

（3）主要技术参数

缓冲带农业生产区短流径入河农田尾水强化拦截湿地面积占总汇流面积的1%～2%，湿地长宽比限定为 3∶1～5∶1；缓冲带防护隔离区林下低生物量草坪品种应选择耐阴性好、株形低矮、便于维护、季节更替不明显的常绿草本植物，亩播种量一般为 1.5～2 kg，建植第一年需要适度修剪。林下地表径流收集净化系统包括林下径流收集沟、生态蓄滞池、边界缓冲湿地、生态调节塘。林下径流收集沟设计长度为 300～400 m/1 000 m^2。边界缓冲湿地应根据收集区域多点进水，湿地内植物以挺水植物种植为主，种植面积占湿地面积的 20%左右。生态调节塘以恢复挺水植物和沉水植物为主，水力停留时间不少于 2 d。堤岸型湖滨带水生植物倒置式配置适用范围为 80～120 m（堤岸到湖体）；外围挺水植物带恢复宽度为 8～10 m；恢复区内部挺水、浮叶、沉水植物修复面积占总水面面积的比例以 10%～15%、20%～25%、10%～15%为宜。

（4）适用范围

该技术适用于建有大堤的湖滨带及建设了湖泊防护林（功能区）和连带部分较高强度农田种植的湖滨—缓冲带区域。

4.3.7.2 入湖口导流、水力调控与强化净化技术

（1）技术原理

针对平原河网地区河网密布、河水落差小、水力负荷大的特点，结合入湖河口区的水文和水质特点，结合以导流潜坝为特征的入湖河口前置库技术和以景观一体化为特征的前置库技术，通过风光互补曝气/廊道式植物拦截带—生态浮床组合的强化净化技术，增强系统的净化能力，削减入湖污染负荷。通过跌水或潜坝导流等入湖河口水力调配措施将入湖河流的来水引入处理系统，然后来水进入生态拦截区，再进入设置了风光互补曝气—生态浮床组合技术、廊道式植物拦截带技术等强化净化措施的强化净化区和深度净化区，最后到达生态稳定区，使污染物得到层层拦截和去除。

（2）工艺流程

入湖口导流、水力调控与强化净化技术工艺流程见图 4-29。

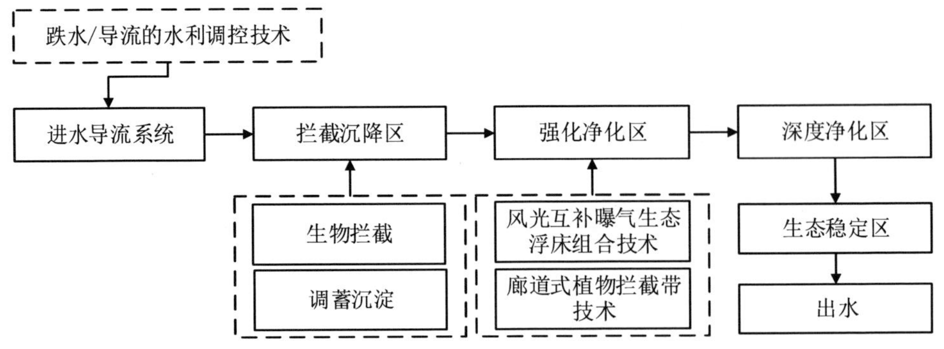

图 4-29 入湖口导流、水力调控与强化净化技术工艺流程

（3）主要技术参数

技术就绪度 7 级，实现 TN、TP、SS 去除率分别为 30%、40%、50%。

（4）适用范围

该技术适用于湖泊污染物拦截和生态修复。

4.3.7.3　湖口区污染物拦截前置库构建技术

（1）技术原理

该技术是通过在入湖湖口处构建前置库系统进行污染拦截。前置库系统采用了新型复合式生态回廊技术、湖口区天然能源驱动提水技术，并结合生态浮床、水生植被修复、生物操纵等技术，通过沉降吸附、微生物降解、动植物吸收等作用，实现对入湖污染物的高效去除和水域的生态修复。

（2）工艺流程

前置库系统包括调蓄缓冲区、生态拦截区、强化净化区、深度净化区、生态稳定区和导流系统。

①调蓄缓冲区：调蓄缓冲区位于整个系统最前端。通过一条溢流坝与下游生态拦截区隔开，对系统进水水质和流速进行缓冲，还通过曝气增氧去除水体有机物和营养盐。调蓄缓冲区尾部设计溢流坝布水系统，使调蓄缓冲区待净化水体可以顺利且均匀地进入生态拦截区。

②生态拦截区：在主库区的最前端，对库区水下地形以及边坡进行改造并种植大型挺水植物——芦苇，建成生物格栅，既对引入处理系统的河水中的颗粒物、泥沙等进行拦截和沉降处理，又去除了水体中的氮、磷及有机物。

③强化净化区：主要应用浮游植物强化净化技术、生态浮床强化净化技术、人工基质附着生物强化净化技术等生物—生态的方法在短时间内对水体氮、磷和有机物进行强化净化。

④深度净化区：利用自然湿地原理进行水体净化。自然湿地内不添加填料，主要依靠土壤吸附、植物吸收和颗粒物自然沉降对水质进行净化。湿地水流采取回廊式设计，使流经的水体与土壤和植物充分接触，增加土壤吸附能力和植物吸收的面积，延长水力停留时间，增强湿地的净化能力。

⑤生态稳定区：通过在生态稳定区种植各种类型的水生植物，包括挺水植物、浮叶植物和沉水植物，并放养浮游植物食性的鱼类、蚌、螺，以期构建复杂稳定的生态系统，达到进一步削减水体污染物的目的。

⑥导流系统：导流系统主要由水体提升装置、溢流坝、导流坝和出水闸门组

成。水力提升装置将河道内的富营养化水体提升至前置库净化系统内，经过溢流坝对水体流态进行调整后进入主体净化系统。导流坝的作用主要是延长水体在前置库库区内的停留时间。通过出水闸门控制系统内的水位高低和水体下泄。

（3）主要技术参数

应用该技术示范工程面积为 100 亩，蓄水量为 50 000 m^3，采用风车提水调蓄、人工复合生态回廊、前置库系统水力调配等前置库系统构建技术等。示范工程面积约为 2.3 km^2。经前置库示范工程处理后 TN、TP、COD 分别削减 42.79%、37.96%、4.59%。

（4）适用范围

该技术适用于湖泊污染物拦截与生态修复。

4.3.8 人工湿地技术

4.3.8.1 曝气人工湿地技术

（1）技术原理

曝气人工湿地技术是指污水首先经过滤后进入曝气人工湿地好氧处理（DC1）段，去除污水中的污染物。接着进入缺氧反硝化（DN）段进行反硝化。根据水质情况，通过配水渠道准确分配进水量，无须外部碳源即可实现碳源供应。然后进入曝气复氧段（DC2）进行曝气复氧，最后排放。

（2）工艺流程

曝气人工湿地技术工艺流程见图 4-30。

（3）主要技术参数

示范出水 COD＜24 mg/L，BOD_5＜5 mg/L，TP＜0.24 mg/L，氨氮＜0.9 mg/L。

（4）适用范围

该技术适用于河湖水质修复，污水处理厂提标改造。

（5）依托单位

广东开源环境科技有限公司。

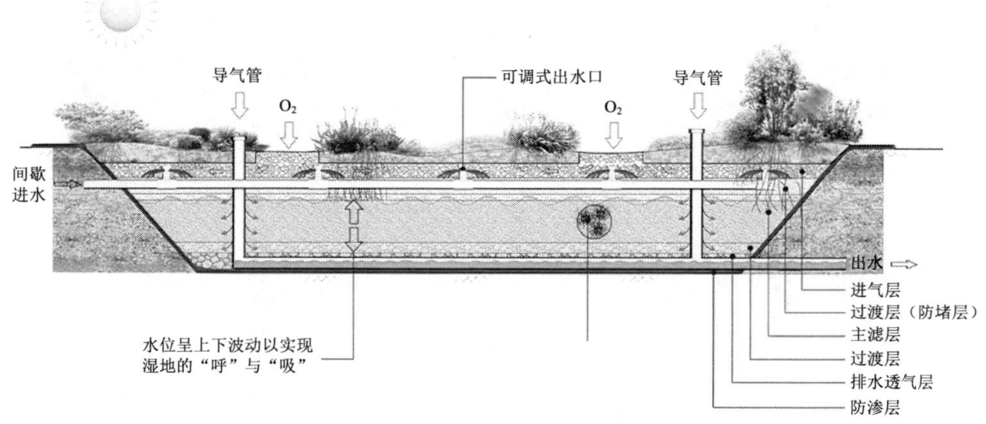

图 4-30　曝气人工湿地技术工艺流程

4.3.8.2　人工快速渗滤污水处理技术

（1）技术原理

人工快速渗滤污水处理技术以天然介质为主要渗透材料，代替天然土层，以干湿交替的方式实现系统的连续稳定运行。与传统的污水处理方法相比，具有工艺流程简单、系统水力负荷高、投资和运行费用低、建设周期短、出水效果好、运行维护简单等优点。

（2）工艺流程

人工快速渗滤污水处理技术工艺流程见图 4-31。

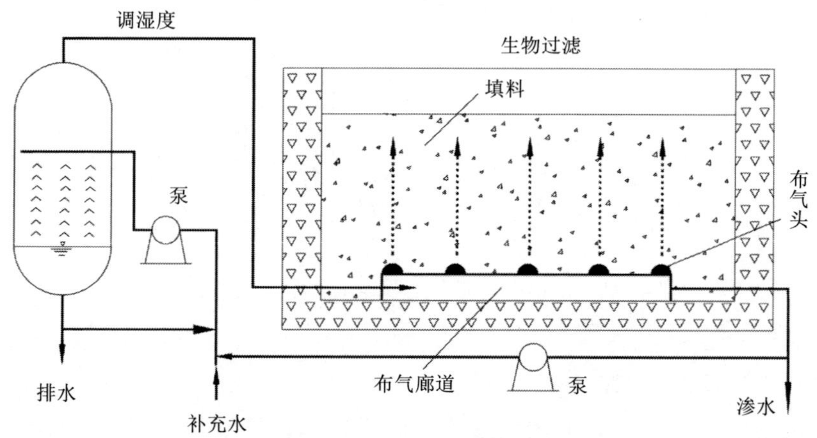

图 4-31　人工快速渗滤污水处理技术工艺流程

（3）主要技术参数

应用该技术后污染物的去除效果基本情况为：COD 的去除率达 85%以上，BOD 的去除率达 90%以上，SS 的去除率达 95%以上，氨氮的去除率为 90%左右，总磷的去除率为 50%～70%。

（4）适用范围

该技术适用于城镇、农村生活污水处理、中水回用等。

4.3.8.3 高效垂直流人工湿地水质净化技术

（1）技术原理

高效垂直流人工湿地系统是一种具有独特结构、填料级配、植物选择和水流形态的垂直流湿地系统。该技术克服了传统人工湿地系统效率低、不能长期稳定运行的缺点，具体占地面积小、运行稳定、高效节能、投资少、管理简单、运行成本低、景观效果好的优点。

（2）工艺流程

高效垂直流人工湿地水质净化技术工艺流程见图 4-32。

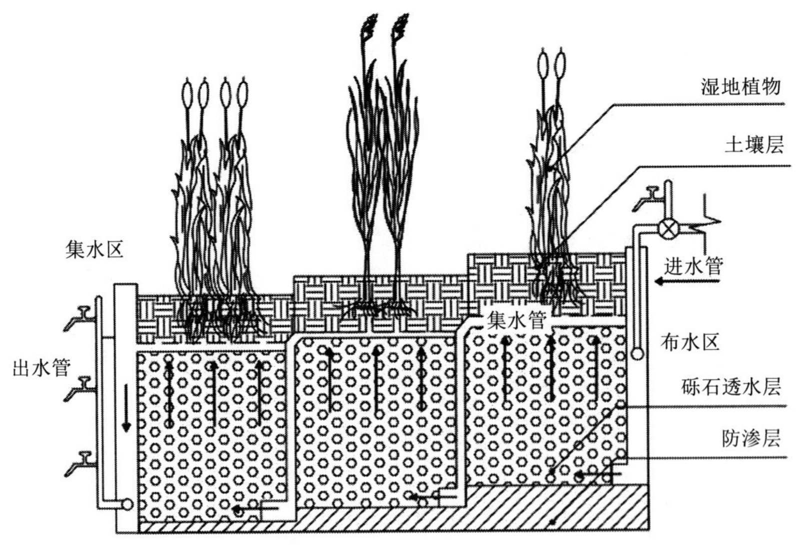

图 4-32 高效垂直流人工湿地水质净化技术工艺流程

（3）主要技术参数

进水水质：参照《城镇污水处理厂污染物排放标准》一级 A 排放标准；

出水水质：参照《地表水环境质量标准》Ⅳ类水质标准。

（4）适用范围

该技术适用于污水处理厂尾水净化，城市湿地公园等。

人工湿地技术对比见表 4-16。

表 4-16 人工湿地技术对比

序号	技术名称	吨水建设投资	吨水运行费用	技术成熟度	运行管理难易程度	处理效果	环境污染程度	适用范围
1	曝气人工湿地技术	2 000 元/（m^3·d）	1 元/t	技术较成熟	运行较简单	污水处理厂尾水经处理后，化学需氧量浓度＜24 mg/L，五日生化需氧量浓度＜5 mg/L，总磷浓度＜0.24 mg/L，氨氮浓度＜0.9 mg/L	无污染，减少 COD、总氮、总磷的排放	受污染的河道及湖泊的水质修复，污水处理厂二级处理后的尾水提标改造以及初期雨水处理
2	人工快速渗滤污水处理技术	1 600 元/（m^3·d）	低	技术成熟	运行简单	对污染物的去除效果基本情况为：COD 的去除率达 85%以上，BOD 的去除率达 90%以上，SS 的去除率达 95%以上，氨氮的去除率为 90%左右，总磷的去除率为 50%～70%	无污染，减少 COD、总氮、总磷的排放	城市生活污水集中和分散处理、农村生活污水处理及面源污染防治、中水回用、受污染水体修复以及微污染水资源化处理
3	高效垂直流人工湿地水质净化技术	2 600 元/（m^3·d）	低	技术较成熟	运行简单	进水水质符合《城镇污水处理厂污染物排放标准》一级 A 排放标准；出水水质符合《地表水环境质量标准》Ⅳ类水质标准	无污染，减少 COD、总氮、总磷的排放	污水处理厂尾水净化，城市湿地公园等

第 5 章　水安全技术评估

5.1　技术评估方法

技术评估可以综合不同的评估方法、量化指标和评价标准，通过对评估对象进行全面综合的分析，为我们科学决策提供理论支持。目前，综合评价在各领域的理论研究和实践指导中不断发展和更新。在发展的过程中，一些新的评估方式和评估方法不断涌现。同时，在旧方法的基础上不断推陈出新，加以改进和创新。目前，正在应用的评估方法有成本收益分析法、主成分分析法、灰色关联评价法、层次分析法、模糊综合评价法等。在发展过程中，一些广泛使用的评估方法不断涌现。通过不断地改进和创新，综合评价系统更加复杂、丰富和科学，进而发展成为一门科学技术。

为找到适合水安全管理方法与技术的评估方法，现将几种常见的评估方法在含义和优、缺点等方面进行比较，具体见表 5-1。

表 5-1　技术评估方法比较

技术评估方法	概述	优点	缺点
成本收益分析法	是一种经济决策的方法，通过对项目目标的实现准备若干个方案，对所需要的成本与其所能带来的效益进行计算	可以全面处理多种因素的逻辑结构，可以提供经过处理的大量有用信息	在备选方案中并不是所有的行动方案本身都是好的或最优的，只能在已有的方案中进行选择
主成分分析法	是一种将数据集进行简化的技术，从降维的视角入手，将目标指标进行转化，得出部分综合指标	可使各指标间不相互影响，成为相互独立的主成分，使各项数据科学有效、高效地选择所选取的指标	必须保证几种主要成分具有一定的贡献率，主成分因子负荷符号如各有正负，综合评价函数意义就不明确，命名清晰性低

技术评估方法	概述	优点	缺点
灰色关联评价法	是一种将探索发展趋势变化与相关定量间联系进行比较的方法，求得各项数列间的关联程度，得出各方案排序	原理简单、容易掌握，应用广泛、方便快捷，且可靠、灵活，不会受人为因素的影响，对于样本的容量没有过度要求	只能依托于相应的模型完成，而目前还没有一个相对完善的灰色关联体系，导致所存在的各个模型都有不同的适用方向，有时不能满足某一方面的具体要求
层次分析法	是一种系统、分层次的多准则决策方法，将待决策问题的相关要素分解为多个层次，并通过定性分析与定量分析相结合方式对事物做出决策	层次分明，具有非常直观的操作方式，有较强的适用性，定量与定性相结合	主观性较大，对复杂问题评价结果的客观性差
模糊综合评价法	运用模糊数学来总体评价事物对象的多种因素，从而对事物的优劣进行评价的一种方法	运用便捷，系统性较强，能很好地解决不确定性和模糊性，结果清晰可靠	多级评价缺乏通用准则，权重分配也带有一定主观性

对水安全管理方法和技术适应性进行评估，一方面需要考虑待评估技术本身经济效益、技术效益以及环境效益等各项指标，另一方面需要结合当地经济发展条件、人口、气候、地形等实际情况，依据上述条件做技术适应性评估。因此针对水安全管理方法和技术的特点，选用层次分析法作为多指标决策工具。同时，为了保证评价结果的权威性和公正性，本研究将层次分析法与专家咨询形式相结合，从待评估技术的经济效益、环境效益和技术水平等方面对技术的相关数据进行统计与分析，尽可能选择可量化的指标以提高评价的定量性。对于定性指标采取专家咨询形式赋分，建立水安全管理方法和技术的综合评价指标体系。各项指标权重结合当地经济发展条件、人口、气候、地形等实际情况，采用咨询专家的方法评判评价指标分值并计算指标的权重，形成较为有效、可行的评价方法，为水安全管理方法和技术的选择和推广应用提供支撑。

5.2　指标体系构建

5.2.1　指标体系构建原则

技术评价指标体系的建立是水安全管理方法和技术评价的前提。评价指标设置的合理与否对整个评价过程的可行性和最终评价结果的准确性有重大影响。评价指标体系的构建原则如下：

（1）目的性

评价体系的构建首先要有明确的目的，然后根据目的进行评价指标设计和评价体系构建。

（2）科学性

在评价体系构建过程中，要有科学的理论指导，即要有可靠的数据来源和严谨的计算方法。评价指标体系越科学可靠，治理工程的运行效果就越合理准确。

（3）客观性

评价指标体系的客观性代表事物的客观存在。在选择评价指标过程中，由于不同人员看事物的角度不同，会夹杂主观意见，所以选择的评价指标一定要客观真实。

（4）综合性

评价指标的综合性体现在从生态环境、经济、社会民生、项目运营管理等方面选择能够反映农田面源污染治理技术效果的指标，并综合考虑确保整个系统完整的所有因素。使污染治理效果更精准。

（5）可操作性

在评价体系中，评价指标应根据国内目前的环境状况和经济水平进行选取，选取的指标应使数据易于获取，计算过程清晰、简单易懂，技术指标可以更直观地表达。

5.2.2 评价指标的选择

设置科学、全面的评价指标，是评价水安全管理方法和技术的重要保障。在选择评价指标时，应从多个相关角色中综合考虑，多个相对独立、相互补充的选择，才能达到最终的评价目的。

水安全管理方法和技术评价体系应综合考虑多个相关作用的评价指标，选取若干个相对独立、相辅相成、能充分达到最终评价目的的定量指标和定性指标。其设施的建设和运营受当地自然环境和社会经济等因素影响。评价指标的选择不仅要考虑技术本身的参数，还要考虑经济效益、环境效益和技术效益。将水安全管理方法和技术评价体系构建为三级评价体系结构。第一级（A）为目标级，以水安全管理方法和技术评估为评价目标；第二级（B）为标准级，即目标级（A）

分为经济效益评价、环境效益评价和技术效益评价三个子系统；第三级（C）为指标级，即指标级中的 3 个子系统具体化得到的多个具体指标，可以直接反映各个指标级的整体情况。

已有的指标体系主要包括以下指标：

（1）经济效益指标

经济效益指标主要包括建设期间的投资成本及运行期间的成本。重点考虑建设投资、占地面积、运行费用等指标，也需要考虑技术可能带来的经济收益及节约资源对技术效益、经济效益产生的影响，主要包括投资费用和运行费用两项指标。

（2）环境效益指标

环境效益指标重点考虑技术可能存在的环境风险以及对受治理水环境中污染物的减排效果，主要包括运行效果、污染物去除率等指标。

（3）技术效益指标

技术效益指标采用技术适用性、技术就绪水平（Technology Readiness Level，TRL）进行评价。主要包括技术成熟度以及运行管理难易程度两项指标。

从已有的指标体系中，经过初步筛选得出本次水安全管理方法和技术评价体系指标，其含义如下：

（1）投资费用

投资费用指前期基础建设、设备购置等费用。

（2）运行费用

运行费用指技术运行期间所需费用，如耗材费、人工费、能耗费、设备折旧费等。

（3）运行效果

运行效果指技术运行后所产生的效果，如污染物去除率、节水率、污泥处理效果等。

（4）技术成熟度

技术成熟度指技术使用水平、工艺操作流程在工艺运行中的普及程度。

（5）运行管理难易程度

运行管理难易程度指在工程运营过程中，操作管理方面的困难程度。根据厂内操作人员的文化程度，尽量选择容易操作的设备，提高劳动生产率。通常用以下内容来评定该指标的得分，分为容易、较容易、中等、较困难、困难 5 个等级，具体需要评价的指标：①仪器设备；②工艺流程；③操作人员水平；④物资力量；⑤其他。

（6）其他

其他必要参数，如二次污染、运行时长、占地面积等。

5.3 指标权重的计算

各项指标的权重应考虑当地经济发展、人口、气候、地形等实际情况，具体计算分为 6 个步骤。

5.3.1 明确问题

使用层次分析法进行系统分析必须对所研究问题有准确和清晰的理解。这包括阐明问题的类型和性质、因素和因素之间的关系、解决问题的目的和方法，以及是否存在层次分析等。

5.3.2 建立层次结构模型

建立层次结构模型，需要将研究问题划分为不同层级，将每一层级的指标进行细分，说明是递进关系和从属关系，构建层次分析结构模型，具体如图 5-1 所示。

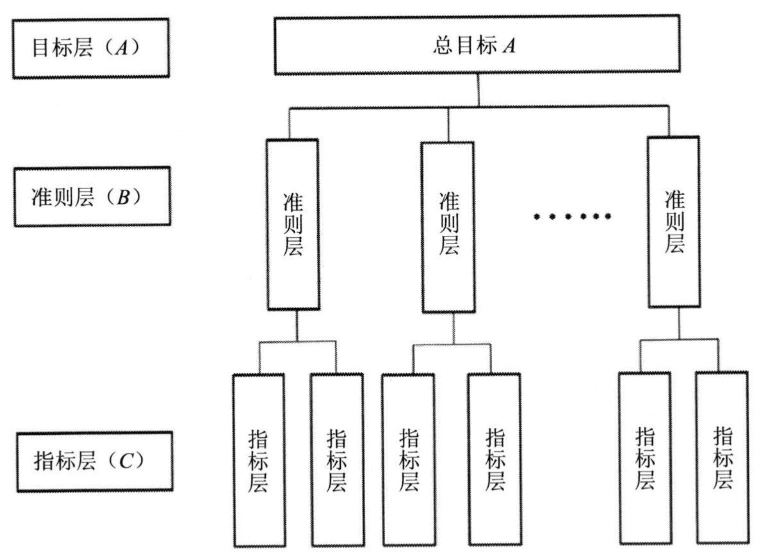

图 5-1 层次分析框架

5.3.3　构造判断矩阵

对于上层的准则或元素，成对比较该准则或元素下每个元素的相对重要性，用数值表示判断结果，并以矩阵形式写入，称为判断矩阵。假设 B 层次结构中的元素 B_k 和元素 C_1、C_2、C_n 是相关的，那么构造的判断矩阵见表 5-2。

表 5-2　判断矩阵

B_k	C_1	C_2	…	C_n
C_1	C_{11}	C_{12}	…	C_{1n}
C_2	C_{21}	C_{22}	…	C_{2n}
…	…	…	…	…
C_n	C_{n1}	C_{n2}	…	C_{nn}

其中，C_{ij} 表示对 B_k 而言 C_i 对 C_j 的相对重要性。一般采用 1～9 标度进行相对重要程度赋值（表 5-3）。

表 5-3　相对重要程度赋值

标度	含义
1	两元素同等重要
3	前者比后者“稍微”重要
5	前者比后者“明显”重要
7	前者比后者“强烈”重要
9	前者比后者“极端”重要
2、4、6、8	介于以上判断的中间值
倒数	若元素 i 与元素 j 的重要性之比为 P_{ij}，则元素 j 与元素 i 的重要性之比为 $P_{ji}=1/P_{ij}$

5.3.4　层次单排序

计算同一层次相应元素对于上一层次某元素相对重要性排序，通过计算等式 $CX=\lambda_{max}C$，得到判断矩阵 C 的最大特征值（λ_{max}）和其对应的特征向量（X）。从而得到单层排序的权值（X）。

5.3.5 一致性检验

首先，通过观察判断矩阵，可以看出判断矩阵必须满足以下属性：$C_{ij}>0$，$C_{ji}=1/C_{ij}$，$C_{ij}=1$，其所有元素必须满足 $C_{ji}=C_{jk}/C_{ik}$，这就要求判断矩阵在一定程度上要满足一致性要求。理论上，只要构造判断矩阵，就可以根据判断矩阵计算出相应的权重。然而，由于人们主观的片面性和判断的复杂性所造成的不稳定性，很难实现完全的一致性。因此，容易出现 A 比 B 更重要，B 比 C 更重要，C 比 A 更重要这样的矛盾。为了克服这一矛盾，一种常见的方法是根据 $C_{ij}=1$ 和 $C_{ji}=1/C_{ij}$ 的一致性条件预先指定判断矩阵的上三角。这样构造的判断矩阵没有经过公式 $C_{ji}=C_{jk}/C_{ik}$ 的检验，因此不能保证判断矩阵完全满足一致性条件。因此，需要对判断矩阵进行一致性测试。

验证判断矩阵是否符合一致性条件的检验分为 4 步，具体可分为：

（1）求出一致性检验指标（CI）。

$$\mathrm{CI}=\frac{\lambda_{\max}-n}{n-1}$$

（2）计算平均随机一致性指数（RI），单级判断矩阵的 RI 随矩阵维数变化，具体数值如表 5-4 所示。

表 5-4 判断矩阵 RI 取值

n	1	2	3	4	5	6	7	8	9
RI	0.00	0.00	0.58	0.90	1.12	1.24	1.32	1.41	1.45

（3）求出判断矩阵一致性指标（CR）。

$$\mathrm{CR}=\frac{\mathrm{CI}}{\mathrm{RI}}$$

一般认为当 CR≤0.1 时，判断矩阵基本满足完全一致性要求，这是可以接受的。若 CR＞0.1，则表示所建立的判断矩阵不满足一致性要求。有必要重新分析权重，两两再判断重要性，直至检验合格。

（4）层次总排序。

从最高层次到最低层次，对同一层次中所有要素的相对重要性进行逐层排序，称为层次总排序。假设上层 B 包含 m 个元素 B_1、$B_2\cdots B_m$，其层次结构的总排名权

重分别为 B_1、$B_2 \cdots B_m$ 下一级 C 包含 n 个元素 C_1、$C_2 \cdots C_n$，它们对 B_j 的单一排序权重分别为 C_{1j}、C_{2j} 和 C_{nj}（当 C_k 与 B_j 无关时，C_{kj}=0）。在这种情况下，C 级的总排序如表 5-5 所示。

表 5-5　随机一致性指标

层次	B_k	B_2	…	B_m	C 层次总排序
	b_1	b_2	…	b_n	
C_1	c_{11}	c_{12}	…	c_{1n}	w_1
C_2	c_{21}	c_{22}	…	c_{2n}	w_2
…	…	…	…	…	…
C_n	c_{n1}	c_{n2}	…	c_{mn}	w_n

注：$W_i = \sum_{i=1}^{n} b_j c_{ij}$，$i = 1,2,\cdots,n$。

5.4　指标赋分及标准

对于经济效益与环境效益中可量化的指标，由于各项指标的单位、数量级均不同，因此不能直接将技术调研所得数据代入公式进行计算，要消除参数之间的量纲影响，需要进行数据标准化处理，以解决数据指标之间的可比性。采用 min-max 标准化进行标准化处理，min-max 标准化也称离差标准化，是对原始数据的线性变换，使结果值映射到[0—1]。转换函数如下：

$$n = \frac{x - \min}{\max - \min}$$

式中：n——归一化后数据；

x——待归一化数据；

max——样本数据的最大值；

min——样本数据的最小值。

对于技术效益等不可量化的指标，如运行管理难易程度评价方法，需要综合资料调研、专家咨询打分，按照不同程度分为容易、较容易、中等、较困难、困难，分别附 0.9 分、0.7 分、0.5 分、0.3 分、0.1 分；技术成熟度是采用技术就绪度评估法根据《水专项技术就绪度（TRL）评价准则》1～9 等级表来确定技术就绪度值的，如表 5-6 所示。

表 5-6 《水专项技术就绪度（TRL）评价准则》1～9 等级

赋分	等级描述	等级评价标准	评价依据（成果形式）
0.1	发现基本原理或看到基本原理的报道	治理需求分析，技术原理清晰，研究并证明技术原理有效	需求分析及技术基本原理报告
0.2	形成技术方案	提出技术概念和应用设想，明确技术的主要目标，制定研发的技术路线，确定研究内容，形成技术方案	技术方案、实施方案
0.3	通过小试验证	关键技术、参数、功能通过实验室验证	小试研究报告
0.4	通过中试验证	在小试的基础上，验证放大规模后关键技术的可行性，为工程应用提供数据	中试研究报告
0.5	形成工艺包或产品、平台整体设计，技术方案通过可行性论证	形成治理技术工艺包整体设计，技术方案通过可行性论证或验证（计算模拟、专家论证等手段）	论证意见或可行性论证报告等
0.6	通过技术示范/工程示范	关键技术、参数、功能在示范企业、流域示范区中进行示范，达到预期目标	技术示范/工程示范报告、专利、软件著作权
0.7	通过第三方评估或用户验证认可	通过第三方评估或经用户试用，证明可行	第三方评估报告，示范工程依托单位应用效益证明
0.8	规范化标准化	通过专业技术评估和成果鉴定，在地方治污规划或科研中得到应用，或形成技术指南、规范	成果鉴定报告、技术指南、规范
0.9	得到推广应用	在其他污染企业或其他流域得到广泛应用	推广应用证明

5.5 评估案例

根据以上建立的水安全技术评估方法，从各国技术需求出发，按不同国家技术需求程度以及市场前景，以马来西亚、巴基斯坦和伊朗为例，分别构建城镇生活污水处理技术评估指标体系、“海绵城市”技术评估指标体系以及海水淡化技术评估指标体系并计算各项技术得分，进行技术匹配性分析，为我国技术输出提供参考意见。

5.5.1　城镇生活污水处理技术——以马来西亚为例

5.5.1.1　马来西亚环境现状及市场需求

马来西亚位于东南亚，国土面积约为 33 万 km^2，人口为 3 236 万，其中城镇人口约为 2 406 万，农村人口约为 830 万。马来西亚是发展中国家，2020 年，马来西亚的国内生产总值为 3 366.64 亿美元，人均 GDP 为 10 401 美元。马来西亚属热带雨林气候和热带季风气候，内地山区年平均气温为 22～28℃，沿海平原气温为 25～30℃，全国平均年降水量为 2 000～2 500 mm。马来西亚虽然总体上水资源比较丰富，但各州之间的水资源分布却不平衡，特别是吉隆坡、雪兰莪州和普特拉贾亚等城市地区，尽管拥有热带气候和丰富的水资源，但仍面临水资源短缺问题。

河流污染使马来西亚的环境和供水面临着巨大的挑战，对水资源的可持续性开发产生了不利影响。根据马来西亚《2016 年环境质量报告》，在 477 条监测河流中，只有 47%的河流被列为清洁河流，其余河流处于轻微污染（43%）和污染（10%）。2017 年的监测数据显示，清洁河流的比例正在下降。在 477 条监测河流中，共有 219 条（46%）被归类为清洁河流，207 条（43%）被轻微污染，51 条（11%）被污染。

马来西亚污水处理市场需求巨大，主要体现在两个方面：一是马来西亚现存老式的污水处理厂（如氧化塘）污水处理效果较差，排入河道后加剧污染。二是城市河道沿线的美化、交通、防洪等综合布局有待改善。马来西亚多数污水处理厂处于改建、扩建和工艺更新状态，正在寻求新的水处理技术、升级水处理基础设施。马来西亚水协会副会长 Mohmad Asari Bin Duad 介绍，马来西亚仅替换旧水管的市场需求就达到近 300 亿林吉特（折合人民币约 485 亿元）。马来西亚政府预计在 2040 年前耗资 520 亿林吉特建设 77 座污水处理厂，需要注意的是，马来西亚污水出水设计标准较我国相对落后，各项指标基本达到我国出水一级 B 标准，目前我国应用的城镇污水处理技术均可达到或优于该标准。

5.5.1.2　马来西亚城镇生活污水处理技术评估

马来西亚城镇生活污水处理技术评估可分为以下 4 个步骤：

（1）确定评价指标体系

目标层：城镇生活污水处理技术评估 A_1；

准则层：经济效益 B_1，环境效益 B_2，技术效益 B_3；

指标层：吨水建设投资 C_1，吨水运行费用 C_2；COD 去除率 C_3，TN 去除率 C_4，TP 去除率 C_5；工艺成熟度 C_6，运行管理难易程度 C_7。

马来西亚城镇生活污水处理技术评估指标体系见图 5-2。

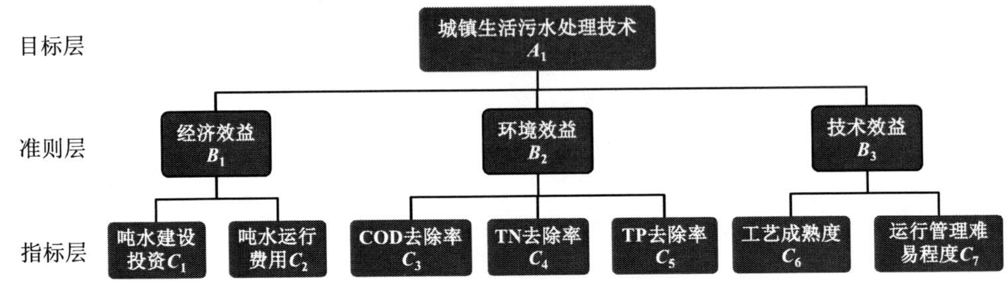

图 5-2 马来西亚城镇生活污水处理技术评估指标体系

（2）确定各指标权重

通过采用咨询专家的方法结合马来西亚自然环境、社会经济环境以及污染物特点评判评价指标分值，将赋值两两比较，确定相对重要程度，求得最大特征向量（w_i），即为该指标的权重，并通过求解 CR，进行一致性检验。

准则层：准则层有 3 个指标，分别为经济效益 B_1、环境效益 B_2、技术效益 B_3。马来西亚属于发展中国家，经济发展水平不高，技术输出应将经济因素作为首要考虑因素。马来西亚河流纳污能力较强，污水处理厂出水标准较低，环境效益要求不高，故将 B_1 与 B_2 比值设定为 5∶1，表示经济效益比环境效益重要。马来西亚污水处理技术现状整体水平较低，需要成熟且运行较简单的技术，故将 B_1 与 B_3 比值设定为 3∶1，表示经济效益比技术效益稍微重要；而环境效益与技术效益相比，在技术输出初期应当将技术稳定运行考虑在第一位，下一步再继续增强环境效益，故将 B_2 与 B_3 比值设定为 1∶3，表示技术效益比环境效益稍微重要。

指标层：指标层 C_1（吨水建设投资）、C_2（吨水运行费用）位于准则层 B_1 下。马来西亚属于发展中国家，经济发展水平不高，但污水处理工程建设投资、融资渠道众多，可由技术输出国企业或跨国投资机构对项目进行投资，而项目移交后的运营需要马来西亚政府自己承担，较高的运行费用会对政府财政造成压力，故将 C_1 与 C_2 比值设定为 1∶3。

指标层 C_3（COD 去除率）、C_4（TN 去除率）、C_5（TP 去除率）位于准则层 B_2 下。对于不同污染物去除率的比较，需根据当地原水水质情况以及出水水质标准综合制定。由于马来西亚污水处理厂出水设计标准较我国相对落后，各项指标基本达到我国出水一级 B 标准，目前我国应用的城镇污水处理技术均可达到或优于该标准，故将指标层 C_3、C_4、C_5 比值设定为 1∶1∶1，表示各项指标重要程度相同。

指标层 C_6（工艺成熟度）、C_7（运行管理难易程度）位于准则层 B_3 下。马来西亚污水处理系统尚处于起步阶段，需要引进技术工艺成熟且运行管理较为简单的污水处理技术。对于二者的比较，目前可用于对外输出的污水处理工艺均是在我国运行状态较为良好、出水较为稳定的污水处理工艺，而不同工艺运行管理难易程度不相同，故将指标层 C_6、C_7 比值设定为 1∶3，表示 C_8 比 C_7 稍微重要。

具体见表 5-7～表 5-10。

表 5-7　准则层 B_1、B_2、B_3 的比较

A_1	B_1	B_2	B_3	w_i	一致性检验
B_1	1	5	3	0.637 0	$\lambda_{max} = 3.358\ 1$ CR = 0.037
B_2	1/5	1	1/3	0.104 7	
B_3	1/3	3	1	0.258 3	

表 5-8　指标层 C_1、C_2 的比较

B_1	C_1	C_2	w_i	一致性检验
C_1	1	1/3	0.25	$\lambda_{max} = 3$ CR = 0
C_2	3	1	0.75	

表 5-9　指标层 C_3、C_4、C_5 的比较

B_2	C_3	C_4	C_5	w_i	一致性检验
C_3	1	1	1	0.333 3	$\lambda_{max} = 3$ CR = 0
C_4	1	1	1	0.333 3	
C_5	1	1	1	0.333 3	

表 5-10　指标层 C_6、C_7 的比较

B_3	C_6	C_7	w_i	一致性检验
C_6	1	1/3	0.25	$\lambda_{max} = 2$ CR = 0
C_7	3	1	0.75	

由表 5-7～表 5-10 计算可知，经一致性检验过后，所有指标 CR 的值均小于 0.1，则判断矩阵是合理的，权重取值具有科学合理性。最终得到马来西亚城镇生

活污水处理技术评估指标体系，见表 5-11。

表 5-11 马来西亚城镇生活污水处理技术评估指标体系

目标层 *A*	准则层 *B*	指标层 *C*	
	指标	指标	权重
城镇生活污水处理技术	经济效益 B_1	吨水建设投资 C_1	0.159 2
		吨水运行费用 C_2	0.477 7
	生态环境效益 B_2	COD 去除率 C_3	0.034 9
		TN 去除率 C_4	0.034 9
		TP 去除率 C_5	0.034 9
	技术效益 B_3	工艺成熟度 C_6	0.064 6
		运行管理难易程度 C_7	0.193 7

（3）确定各项指标得分

以 4.3.1 节城镇生活污水处理技术各项指标参数为基础数据，根据 5.4 节指标赋分及标准，将该技术各项指标的基础数据进行无量纲化处理后得到各指标得分，如表 5-12 所示。

表 5-12 马来西亚城镇污水处理技术评估各指标得分

技术名称	吨水建设投资	吨水运行费用	TN 去除率	TP 去除率	COD 去除率	工艺成熟度	运行管理难易程度
一体式膜—生物反应器污水处理技术	0.000	0.000	0.200	0.002	0.682	0.700	0.900
高效节能型氧化沟技术	0.519	0.317	0.000	0.000	0.545	0.900	0.900
城镇污水深度除磷脱氮技术	0.000	0.571	0.400	0.002	0.909	0.900	0.900
反应沉淀一体式矩形环流生物反应器快速生化污水处理技术	0.106	0.634	1.000	0.001	0.909	0.900	0.900
序批式活性污泥工艺（SBR）	1.000	0.512	0.150	1.000	1.000	0.900	0.900
A^2O 工艺	0.266	1.000	1.000	0.916	0.000	0.900	0.900

（4）最终结果

将各指标得分与对应权重相乘，得到最终得分，由高到低排序为：A^2O 工艺（0.98）、序批式活性污泥工艺（SBR）（0.76）、反应沉淀一体式矩形环流生物反应器快速生化污水处理技术（0.52）、高效节能型氧化沟技术（0.33）、城镇污水深度除磷脱氮技术（0.28）、一体式膜—生物反应器污水处理技术（0.25），表明适应马来西亚的城镇污水处理技术为 A^2O 工艺，其次为序批式活性污泥工艺（SBR），可优先推荐上述技术进行输出。

5.5.2　“海绵城市”技术——以巴基斯坦为例

5.5.2.1　巴基斯坦环境现状及市场需求

巴基斯坦全称为巴基斯坦伊斯兰共和国，国土总面积为 881 913 km^2，南部沿阿拉伯海和阿曼湾有 1 046 km 的海岸线。东面与印度接壤，西面与阿富汗接壤，西南与伊朗接壤，东北与中国接壤。巴基斯坦是世界上第五人口大国，总人口数量为 2.08 亿（2021 年），城镇人口数量为 7 622.58 万，农村人口数量为 13 167.04 万，城镇化率为 36.65%。巴基斯坦是一个发展中国家，国内生产总值（GDP）约为 2 842 亿美元（2019 年），人均 GDP 为 1 388 美元。

巴基斯坦全境属于亚热带草原和沙漠型气候，全地区年平均气温为 27℃，国内 2/3 的地区年均降水量低于 250 mm。由于地势高低差异较大，造成了气候的多样化，南部湿热，受季风影响，雨季较长，而北部地区干燥寒冷，有的地方终年积雪。伴随气候的多样性，巴基斯坦降雨分布差异很大，除北部印度河上游降水量尚丰沛外，大部分地区炎热而干燥，旱季、雨季分明。巴基斯坦大多数人生活在印度河沿岸，而该地区极易发生洪水等自然灾害。根据伊斯兰堡联邦洪水委员会的报告（2014 年），巴基斯坦有超过 1.19 万人因洪涝灾害失去了生命，国家遭受了大约 380 亿美元的经济损失。与此同时，巴基斯坦雨水收集系统几乎未开始建设，即使在卡拉奇、拉合尔、伊斯兰堡等严重缺水的城市也未实施利用屋顶雨水循环用于家庭和回补地下水等措施，造成了严重的水资源浪费。从巴基斯坦洪水频发与水资源极度缺乏的矛盾来看，海绵城市建设将成为巴基斯坦开发水资源的有效途径，合理将雨水回用于基本生活用水或回补地下水，不仅能解决雨季洪涝灾害问题，还能缓解城市水资源短缺，在巴基斯坦具有很好的市场前景。

5.5.2.2　巴基斯坦“海绵城市”技术评估

巴基斯坦“海绵城市”技术评估可分为以下 4 个步骤：

（1）确定评价指标体系

目标层：“海绵城市”技术评估 A_1；

准则层：经济效益 B_1，环境效益 B_2，技术效益 B_3；

指标层：建设投资 C_1，运行费用 C_2；污染物去除率 C_3，雨水利用率 C_4，防

洪效果 C_5；技术成熟度 C_6，运行管理难易程度 C_7。

巴基斯坦“海绵城市”技术评估指标体系见图 5-3。

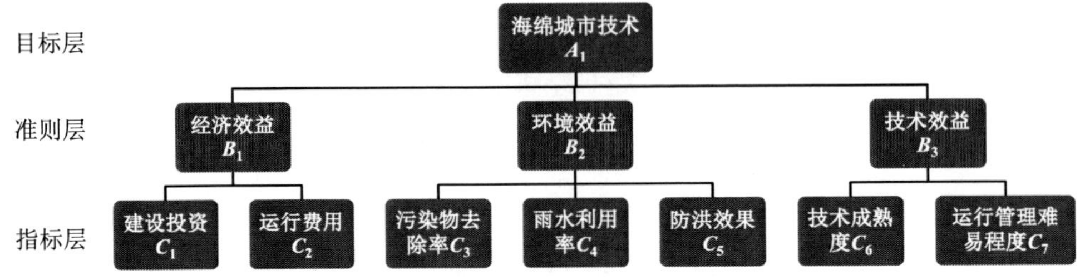

图 5-3 巴基斯坦“海绵城市”技术评估指标体系

（2）确定各指标权重

通过采用咨询专家的方法结合巴基斯坦自然环境、社会经济环境以及城市发展水平评判评价指标分值，将赋值两两比较，确定相对重要程度，求得最大特征向量（w_i），即为该指标的权重，并通过求解 CR，进行一致性检验。

准则层：准则层有 3 个指标，分别为经济效益 B_1、环境效益 B_2、技术效益 B_3。巴基斯坦属于发展中国家，经济发展水平不高，技术输出应将经济因素作为首要考虑因素。主要城市人口密度大，洪涝灾害频发的同时雨水资源利用率较低，环境效益应作为次要考虑因素。故将 B_1 与 B_2 比值设定为 3∶1，表示经济效益比环境效益较重要。巴基斯坦洪涝灾害频发与水资源匮乏之间的矛盾突出，对“海绵城市”技术环境效益要求较高，同时“海绵城市”技术总体发展水平较低，需要成熟且运行较简单的技术，故将 B_2 与 B_3 比值设定为 3∶1，表示环境效益比技术效益稍微重要。经济效益与技术效益相比，从巴基斯坦城市发展水平与“海绵城市”技术在巴基斯坦应用情况看，巴基斯坦更需要费用较低的技术，故将 B_1 与 B_3 比值设定为 5∶1。

指标层：指标层 C_1（建设投资）、C_2（运行费用）位于准则层 B_1 下。巴基斯坦属于发展中国家，经济发展水平不高，海绵建设主要费用集中在前期建设投资上，项目移交后的运营所需费用较少，故将 C_1 与 C_2 比值设定为 3∶1。

指标层 C_3（污染物去除率）、C_4（雨水利用率）、C_5（防洪效果）位于准则层 B_2 下。对于上述 3 项指标的赋分，需根据当地对污染物去除率、雨水利用率及景观效果的需求程度综合比较。巴基斯坦“海绵城市”建设最主要的目的是防治洪涝灾害，提高雨水利用率，而对于雨水的水质，若仅用来回补地下水或市政环境用水，水质要求并不太高，故将 C_3、C_4、C_5 比值设定为 1∶5∶5，表示雨水利用率比污染物去除率较重要，雨水利用率与防洪效果同等重要。

指标层 C_6（技术成熟度）、C_7（运行管理难易程度）位于准则层 B_3 下。巴基斯坦“海绵城市”建设尚处于未开发阶段，需要引进技术工艺成熟且运行管理较为简单的“海绵城市”技术。对于两者的比较，目前可用于对外输出的“海绵城市”技术应是在我国运行较为状态良好、技术成熟度较高的，而不同技术运行管理难易程度不相同，故将指标层 C_6、C_7 比值设定为 1∶3，表示运行管理难易程度比技术成熟度稍微重要。

具体见表 5-13～表 5-16。

表 5-13　准则层 B_1、B_2、B_3 的比较

A_1	B_1	B_2	B_3	w_i	一致性检验
B_1	1	3	5	0.549 9	$\lambda_{max}=3.038\,51$ $CR=0.037\,023$
B_2	1/3	1	3	0.240 2	
B_3	1/5	1/3	1	0.209 8	

表 5-14　指标层 C_1、C_2 的比较

B_1	C_1	C_2	w_i	一致性检验
C_1	1	3	0.25	$\lambda_{max}=3$ $CR=0$
C_2	1/3	1	0.75	

表 5-15　指标层 C_3、C_4、C_5 的比较

B_2	C_3	C_4	C_5	w_i	一致性检验
C_3	1	1/5	1/5	0.090 9	$\lambda_{max}=3$ $CR=0$
C_4	5	1	1	0.454 5	
C_5	5	1	1	0.454 5	

表 5-16　指标层 C_6、C_7 的比较

B_3	C_6	C_7	w_i	一致性检验
C_6	1	1/3	0.25	$\lambda_{max}=2$ $CR=0$
C_7	3	1	0.75	

由表 5-13～表 5-16 计算可知，经一致性检验过后，所有指标 CR 的值均小于 0.1，则判断矩阵是合理的，权重取值具有科学合理性。最终得到巴基斯坦“海绵

城市”技术评估指标体系，见表 5-17。

表 5-17 巴基斯坦“海绵城市”技术评估指标体系

目标层 A	准则层 B	指标层 C	
	指标	指标	权重
“海绵城市”技术	经济效益 B_1	建设投资 C_1	0.477 7
		运行费用 C_2	0.152 9
	生态环境效益 B_2	污染物去除率 C_3	0.023 5
		雨水利用率 C_4	0.117 4
		防洪效果 C_5	0.117 4
	技术效益 B_3	技术成熟度 C_6	0.026 2
		运行管理难易程度 C_7	0.078 5

（3）确定各项指标得分

以 4.1.1 节“海绵城市”技术各项指标参数为基础数据，根据 5.4 节指标赋分及标准，将该技术各项指标的基础数据进行无量纲化处理后得到各指标得分，如表 5-18 所示。

表 5-18 巴基斯坦“海绵城市”技术评估各指标得分

技术名称	建设投资	运行费用	污染物去除率	雨水利用率	防洪效果	技术成熟度	运行管理难易程度
雨水削峰除污与资源化技术	1.000	1.000	0.000	1.000	1.000	0.700	0.900
砂基雨水收集利用系统	0.368	0.333	0.500	0.875	0.875	0.900	0.900
雨水收集—渗透—循环利用系统	0.000	0.000	1.000	0.625	0.625	0.900	0.900
“息壤”雨水收集再利用技术	0.769	1.000	0.750	0.000	0.000	0.900	0.900
环保型道路雨水口技术	0.250	0.500	0.500	0.000	0.000	0.700	0.900

（4）最终结果

将各指标得分与对应权重相乘，得到最终得分，由高到低排序为雨水削峰除污与资源化技术（0.95）、“息壤”雨水收集再利用技术（0.81）、砂基雨水收集利用系统（0.49）、雨水收集—渗透—循环利用系统（0.26）、环保型道路雨水口技术（0.22），表明适应巴基斯坦的“海绵城市”技术为雨水削峰除污与资源化技术，其次为“息壤”雨水收集再利用技术，可优先推荐上述技术进行输出。

5.5.3 海水淡化技术——以伊朗为例

5.5.3.1 伊朗环境现状及市场需求

伊朗位于亚洲西南方的中东地区，国土面积为 164.8 万 km^2，其中陆域面积为 163.6 万 km^2，水域面积为 1.2 万 km^2。伊朗北部与亚美尼亚、阿塞拜疆、里海和土库曼斯坦接壤，东部与阿富汗和伊朗接壤，南部是阿曼海、霍尔木兹海峡和波斯湾，西部是伊拉克和土耳其。伊朗全国人口共计 8 399 万（2020 年），主要分布在山麓地区和平原地区，尤其是里海沿岸、水量较多的山区和高原上的灌溉绿洲。2020 年伊朗的 GDP 总值为 6 357.24 亿美元，人均 GDP 为 2 283 美元。石油和天然气工业是伊朗最重要的行业，依托得天独厚的自然资源，伊朗石化产业蓬勃发展，石化产品出口约占伊朗非油贸易出口的 1/3，已成为国内支柱产业之一。

伊朗大多数地区属于干燥或半干燥气候，降雨集中在 10 月至翌年 4 月，平均年降水量为 250 mm 以下。伊朗降水的时空分布非常不均，总降水的 90%发生在雨季和西部、北部，在里海附近，年平均降水量约为 1 280 mm，中部高原和南部低地降水量很少超过 100 mm。根据世界银行数据，1980 年以前，伊朗人均可再生内陆淡水资源拥有量约为 3 600 m^3，而到了 2017 年，人均可再生内陆淡水资源拥有量已经不足 1 600 m^3。与此相反，取水量却在这段时间内大幅上升，1993 年的总取水量约为 70 亿 m^3，而 2004 年已经上升到 93 亿 m^3。截至 2014 年，伊朗已经使用了其可再生淡水总量的 70%，超过国际规范规定的 40%的上限，水资源短缺已经成为伊朗最严重的水安全问题。

伊朗政府想在海水淡化建设方面进行大量投资，优先应用在伊朗的南部海岸。首先，将建造海水淡化厂，为沿海城市提供水资源供应，而后将为中部高原的城市提供服务。工厂和管道预计将由私营部门根据建造运营合同进行融资，政府为生产的淡水支付年费。这种海水淡化厂的合同已经与小型企业签订，预计未来将扩展到与国际公司合作。根据伊朗政府的计划，伊朗 17 个省 4 500 万人将受益于即将建设的 50 座海水淡化厂。这一计划表明伊朗海水淡化市场拥有巨大潜力。

5.5.3.2 伊朗海水淡化技术评估

伊朗海水淡化技术评估可分为以下 4 个步骤：

（1）确定评价指标体系

目标层：海水淡化技术评估 A_1；

准则层：经济效益 B_1，环境效益 B_2，技术效益 B_3；

指标层：建设投资 C_1，运行费用 C_2；产品水质量 C_3，预处理要求 C_4；技术成熟度 C_5，运行管理难易程度 C_6。

伊朗海水淡化技术评估指标体系见图 5-4。

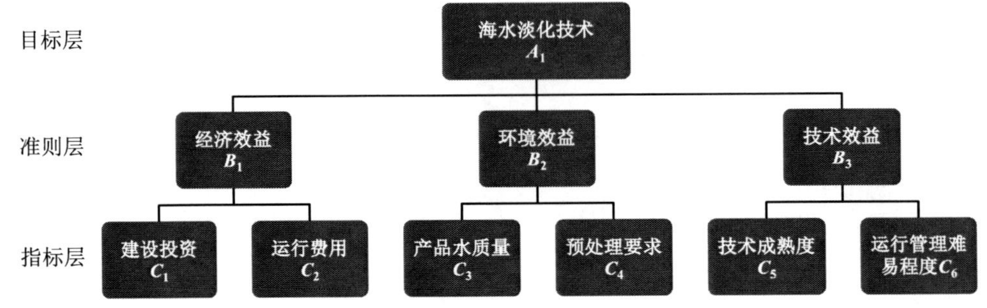

图 5-4 伊朗海水淡化技术评估指标体系

（2）确定各指标权重

通过采用咨询专家的方法结合伊朗自然环境、社会经济环境以及城市发展水平评判评价指标分值，将赋值两两比较，确定相对重要程度，求得最大特征向量（w_i），即为该指标的权重，并通过求解 CR，进行一致性检验。

准则层：准则层有 3 个指标，分别为经济效益 B_1、环境效益 B_2、技术效益 B_3。伊朗属于发展中国家，经济发展水平不高，海水淡化投资及运行成本均较高，技术输出应将经济因素作为首要考虑因素，海水淡化用于饮用水、工业用水质量要求较高，环境效益应作为次要考虑因素，故将 B_1 与 B_2 比值设定为 5∶1，表示经济效益比环境效益较重要；国内现有可用于输出的海水淡化技术均较为成熟，与经济效益相比，技术效益重要程度显然比较低，故将 B_1 与 B_3 比值设定为 5∶1，表示经济效益比技术效益较重要；环境效益与技术效益相比，海水淡化用于饮用水、工业用水质量要求较高，而现有海水淡化技术均较为成熟，故将 B_2 与 B_3 比值设定为 2∶1，表示环境效益比技术效益稍微重要。

指标层：指标层 C_1（建设投资）、C_2（运行费用）位于准则层 B_1 下。伊朗属于发展中国家，经济发展水平不高，但海水淡化工程建设投资、融资渠道众多，可由技术输出国企业或跨国投资机构对项目进行投资，而项目移交后的运营需要伊朗政府自己承担，且海水淡化技术运行费用较为高昂，较高的运行费用会对政府财政造成压力，故将 C_1 与 C_2 比值设定为 1∶3，表示运行费用比建设投资稍微重要。

指标层 C_3（产品水质量）、C_4（预处理要求）位于准则层 B_2 下。对于上述两项指标的赋分，海水淡化用于饮用水、工业用水水质要求较高，而海水预处理要求重要程度显然低于产品水质量，故将 C_3 与 C_4 比值设定为 5∶1，表示产品水质量比预处理要求较重要。

指标层 C_5（技术成熟度）、C_6（运行管理难易程度）位于准则层 B_3 下。对于二者的比较，目前可用于对外输出的海水淡化技术应是在我国运行较为状态良好、技术成熟度较高的，而不同技术运行管理难易程度不相同，应侧重于技术运行难易程度，故将指标层 C_5、C_6 比值设定为 1∶3，表示运行管理难易程度比技术成熟度稍微重要。

具体见表 5-19～表 5-22。

表 5-19　准则层 B_1、B_2、B_3 的比较

A_1	B_1	B_2	B_3	w_i	一致性检验
B_1	1	5	5	0.708 9	$\lambda_{max}=3.053\ 62$ CR = 0.051 559 2
B_2	1/5	1	2	0.178 6	
B_3	1/5	1/2	1	0.112 5	

表 5-20　指标层 C_1、C_2 的比较

B_1	C_1	C_2	w_i	一致性检验
C_1	1	1/3	0.25	$\lambda_{max}=3$
C_2	3	1	0.75	CR = 0

表 5-21　指标层 C_3、C_4 的比较

B_2	C_3	C_4	w_i	一致性检验
C_3	1	5	0.833 3	$\lambda_{max}=3$ CR = 0
C_4	1/5	1	0.166 7	
C_5	5	1	0.454 5	

表 5-22　指标层 C_5、C_6 的比较

B_3	C_5	C_6	w_i	一致性检验
C_5	1	1/3	0.25	$\lambda_{max}=2$
C_6	3	1	0.75	CR = 0

由表 5-19～表 5-22 计算可知，经一致性检验过后，所有指标 CR 的值均小于 0.1，则判断矩阵是合理的，权重取值具有科学合理性。最终得到伊朗海水淡化技术评估指标体系，见表 5-23。

表 5-23　伊朗海水淡化技术评估指标体系

目标层 A	准则层 B	指标层 C	
	指标	指标	权重
海水淡化技术	经济效益 B_1	建设投资 C_1	0.177 2
		运行费用 C_2	0.531 6
	生态环境效益 B_2	产品水质量 C_3	0.148 9
		预处理要求 C_4	0.029 8
	技术效益 B_3	技术成熟度 C_5	0.028 1
		运行管理难易程度 C_6	0.084 4

（3）确定各项指标得分

以 4.2.4 节海水淡化技术各项指标参数为基础数据，根据 5.4 节指标赋分及标准，将该技术各项指标的基础数据进行无量纲化处理后得到各指标得分，如表 5-24 所示。

表 5-24　伊朗海水淡化技术评估各指标得分

技术名称	建设投资	运行费用	产品水质量	预处理要求	技术成熟度	运行管理难易程度
反渗透海水淡化系统设计与集成技术	0.441	1.000	0.007	0.500	0.9	0.9
低温多效蒸馏海水淡化技术	0.000	0.000	1.000	1.000	0.9	0.9
电化学海水淡化成套技术	1.000	0.543	0.000	0.000	0.7	0.7

（4）最终结果

将各指标得分与对应权重相乘，得到最终得分，由高到低排序为反渗透海水淡化系统设计与集成技术（0.72）、电化学海水淡化成套技术（0.57）、低温多效蒸馏海水淡化技术（0.28），表明适应伊朗的海水淡化技术为反渗透海水淡化系统设计与集成技术，可优先推荐上述技术进行输出。

第 6 章　水安全技术输出工作方案

6.1　技术输出相关政策

在“一带一路”倡议下，众多中国企业积极参与沿线其他国家的投资建设，且以大型基础设施建设为主。然而，由于对境外投资环境不熟悉，企业在选择项目投资模式时的决策失误或是在实施过程中操作不当，导致一些项目投资失败甚至发生巨额亏损。因此，一方面国家推动“一带一路”建设，应通过顶层设计，加强对“走出去”企业提供政策支持和融资的便利，注重各国政策之间的协调，并加强相关政策辅导和咨询服务等。另一方面企业在“走出去”之前，一定要进行充分的前期调研，对“一带一路”沿线国家的政治、经济形势和项目情况要有准确的认识和判断。

6.1.1　国内相关政策

2013 年我国首次提出“一带一路”倡议，并积极推进绿色“一带一路”建设。2015 年 3 月 28 日，国家发展和改革委员会、外交部、商务部联合发布《推动共建丝绸之路经济带和 21 世纪海上丝绸之路的愿景与行动》。文件强调加强政策沟通是“一带一路”建设的重要保障。加强政府间合作，积极构建多层次政府间宏观政策沟通交流机制，深化利益融合，促进政治互信，达成新的合作共识。“一带一路”沿线国家可以充分沟通和协调各自的经济发展战略和对策，共同制订促进区域合作的计划和措施，通过协商解决合作问题；共同为务实合作和大型项目实施提供政策支持。合作重点是加强科技合作，建设联合实验室（研究中心）、国际技术转让中心和海上合作中心，促进科技人员交流，合作开展重大科技攻关，共同提升科技创新能力。

2017 年 4 月，环境保护部、外交部、国家发展和改革委员会、商务部联合发布了《关于推进绿色“一带一路”建设的指导意见》。指出要将资源节约和环境友好原则融入国际产能和装备制造合作全过程，促进企业遵守相关环保法律法规和标准，推动绿色技术和产业发展，提高我国参与全球环境治理的能力。同年 9 月，国务院印发了《国家技术转移体系建设方案》。文件指出与“一带一路”沿线国家广泛进行国际技术转移，有利于科技成果资本化和产业化的确立，有利于扩大国际技术转移空间的新思路。

2018 年 5 月召开的全国生态环境保护大会正式确立了习近平生态文明思想，提出深入参与全球环境治理，坚持环境友好，推进“区域”建设，实施应对气候变化等战略，体现了生态文明建设的全球视角。2019 年 4 月，“一带一路”绿色发展国际联盟成立，启动了“一带一路”的生态环境保护大数据服务平台，并发布“走出去”倡议。2017 年 5 月，生态环境部制定了《“一带一路”生态环境保护合作规划》，明确指出“一带一路”环保合作应充分尊重沿线一带国家的发展需要。加强战略对接和政策沟通，促进生态环保共识。2020 年 6 月，“一带一路”国际合作高级别视频会议联合声明重申了环境可持续性的重要性。2022 年党的二十大指出，要推进高水平对外开放，稳步扩大规则、规制、管理、标准等制度型开放，加快建设贸易强国，推动共建“一带一路”高质量发展，维护多元稳定的国际经济格局和经贸关系。

我国环境保护事业的发展是全球环境治理的缩影。改革开放 40 多年来，我国在环境保护国际合作方面取得了巨大成就。特别是中国共产党第十八次全国代表大会将生态文明建设纳入中国特色社会主义事业“五位一体”总体布局。我国的环境保护已经进入“快车道”，并逐渐成为世界生态进步和环境治理的重要参与者、贡献者和领导者。

6.1.2　“一带一路”沿线国家相关政策

我国政府部门积极编制对外投资指南，为企业开展对外投资合作提供丰富的基础信息。商务部作为国家对外投资主管部门，逐年向社会公开发布《对外投资合作国别（地区）指南》（以下简称《指南》），全面介绍投资合作目的国（地区）的基本情况、经济形势、政策法规、投资机遇和风险等内容。与“一带一路”沿线国家开展合作交流，需了解各国宗教信仰、与中国外交关系、对外交吸引力、对外贸易、对外资的市场准入、环境保护、对中国企业投资合作政策、开展投资注册企业的手续以及沟通联络机制等相关信息，上述信息建议参考《指南》。

6.2 技术输出模式

我国水处理、固体废物处理、大气污染控制、环境监测等主要领域和设备制造、工程、施工与运营设施等各个环节都形成了独特的产业优势，涌现出一大批优秀企业，积极拓展如东南亚、西亚、南亚等区域政治稳定、经济发展势头强劲的新兴市场，以获取国际市场份额。对于欧、美、日等发达市场，以出口为目的输出先进技术产品和优秀资源的情况较为普遍；对于东南亚和其他新兴市场，主要出口产品、技术和工程服务。根据不同的目标区域市场需求和企业的国际业务发展目标，科学、有针对性地选择战略和合作形式十分重要。“一带一路”沿线其他国家和地区大多属于新兴经济体和发展中国家，往往面临着由工业化和全球产业转移带来的环境污染、生态退化、生态环境敏感等多重挑战，环境管理基础相对薄弱，环境基础设施建设相对滞后，随着社会经济的发展，环境问题日益突出，对环境治理的需求日益增加，潜在的环境污染治理市场巨大。

国内外技术转移模式主要包括 9 种：商品贸易、技术贸易、项目投资、创办新企业、科技合作、科技交流、战略联盟、产学研结合、技术援助。

6.2.1 商品贸易

商品贸易是指通过环保设备、产品出口贸易所伴随的技术输出。

6.2.2 技术贸易

技术贸易包括技术转让、技术咨询服务、成套设备和关键设备的进出口、技术服务与协助、工程承包与交钥匙工程、特许专营、设备租赁、补偿贸易等。以许可证转让方式（包括专利和非专利科技成果）所进行的技术转移，是目前技术转移中最受关注和最为重要的方式之一，通常称为技术转让。这是一种有偿的转移方式，技术以商品的形式在技术市场中进行交易。通过购置设备和软件获取所需要的技术也是常见的技术转移方式，这种方式的优点是能最快地获取现有的技术，卖方可能会提供培训，投产获利较快，风险较小，缺点是新设备可能不适应企业现有的环境，企业需要在组织上进行变化，成本较高，不能从根本上提高技术能力，随着技术的升级需要不断地购买。

6.2.3 项目投资

环保项目可分为经营类项目和非经营类项目，非经营类项目如环境治理和修复、湿地保护等，项目无收益或收益较低，主要付费方为政府部门；经营类项目如污水处理、垃圾处理等，虽然有用户付费，但公益性质较强，收费标准往往较低，投资回收周期较长，因此地方政府也受制于财政预算不足，环保项目难以推动。在环境治理任务和鼓励社会资本投资的各项政策推动下，社会资本参与程度不断加深，以 EPC（Engineering-Procurement-Construction）、BT（Build-Transfer）、BOT（Build-Operate-Transfer）、BOO（Building-Owning-Operation）、TOT（Transfer-Operate-Transfer）、PPP（Public-Private Partnership）等多种模式承接环保项目。

EPC 模式，即设计—采购—建造模式，业主方将工程的设计、采购、施工全部委托给一家工程总承包商，总承包公司对工程全面负责。

BT 模式，即建设—移交模式，是政府利用非政府资金来进行非经营性基础设施建设项目的一种融资模式，指一个项目的运作通过项目公司总承包，融资、建设验收合格后移交给业主，业主向投资方支付项目总投资加上合理回报的过程。

BOT 模式，即建设—经营—转让模式，指政府部门就环保项目与私人企业（项目公司）签订特许权协议，授予签约方的私人企业（包括外国企业）来承担该项目的投资、融资、建设和维护，在协议规定的特许期限内，许可其融资建设和经营特定的公用基础设施，并准许其通过向用户收取费用或出售产品以清偿贷款，回收投资并赚取利润。政府对这一基础设施有监督权、调控权，特许期满，签约方的私人企业将该基础设施无偿移交给政府部门。

BOO 模式，即建设—拥有—经营模式，承包商根据政府赋予的特许权，建设并经营某项产业项目，但是并不将此项基础产业项目移交给公共部门，有权不受任何时间限制地拥有并经营项目设施。

TOT 模式，即移交—经营—移交模式，政府部门或国有企业将建设好的项目的一定期限的产权或经营权，有偿转让给投资人，由其进行运营管理，投资人在约定的期限内通过经营收回全部投资并得到合理的回报，双方合约期满之后，投资人再将该项目交还政府部门或原企业的一种融资方式。

PPP 模式，即政府和社会资本合作模式，政府部门或地方政府通过政府采购形式与中标单位组成的特殊目的公司签定特许合同（特殊目的公司一般为中标的建筑公司、服务经营公司或对项目进行投资的第三方组成的股份有限公司）由特殊目的公司负责筹资、建设及经营。政府通常与提供贷款的金融机构达成一个直接协议，这个协议不是对项目进行担保的协议，而是一个向借贷机构承诺将按与特殊目的公司签订的合同支付有关费用的协定，这个协议使特殊目的公司能比较顺利地获得金融机构的贷款。采用这种融资形式的实质：政府通过给予私营公司长期的特许经营权和收益权来换取基础设施加快建设及有效运营。

6.2.4 创办新企业

由成果拥有单位或由科技人员自己创办企业是技术转移最为直接的方式。其优点是转化速度较快，技术拥有单位或个人可能获取更大的收益，但是风险大，难以获得风险投资，不易形成规模经济。

6.2.5 科技合作

科技合作是指派遣学者、专家到国外或者其他地区的高等学校、研究机构或者生产企业，与对方的学者、专家合作进行研究设计。或者双方学者、专家轮流到对方学校、研究机构或者企业进行合作研究。

6.2.6 科技交流

科技交流是指国家之间或者地区之间的科研、教学、企业之间，以增进智力、技术和信息为内容，以促进各自技术进步为目的的交流活动，如聘请讲学、座谈、举办讲习班、参加会议等。这种通过信息传播的方式获取所需技术，其优点是成本低、速度快、简单易行，缺点是无法获取较完整的、系统的技术知识，特别是难以获得技术诀窍，要求企业自身具有较强的技术能力或模仿能力。

6.2.7 战略联盟

战略联盟是联盟各方实现技术、知识资源共享的一种特殊形式，技术转移在其中是双向或者多向的，联盟各方共用研究开发设施，可以减少资源压力和开支，共担风险，抑制竞争。

6.2.8 产学研结合

产学研结合模式包括合作研究、合作开发、合资生产等形式。其主要优点是能充分利用合作伙伴的知识技能和资源，发挥自己的优势，补充自己的不足，有利于迅速获取技术，可以减少成本和风险，主要缺点是组织之间的目标不同，有时难以形成良好的合作关系，管理过程和利益分配有时会出现矛盾。

6.2.9 技术援助

技术援助是指向受援方提供成套的先进设备、全部或者部分设备所需的零部件、原材料，甚至派遣技术专家负责组织和指导施工、安装和试生产，帮助受援方学会管理生产和操作技术。“技术转移的关键是人而不是技术文件”，这是近几年西方管理界十分流行的说法，关键技术人才的流动常常伴随技术成果的流动，技术知识随着这种人员的交流得到转移。

6.3 典型案例分析

现阶段，向产业链的上下游延伸成为综合环境服务商，已经成为很多国内环境企业转型和升级的方向，综合环境服务商需具备以下几个功能：第一是技术角度，即设计、建设、管理、运营；第二是投融资角度，即有较好的融资能力和融资渠道。综合环境服务商可以做工程总包也可以做投资，各种项目模式如BOT、TOT、EPC、委托运营都可以承接运作。

设备输出模式下，国内环保设备厂商向“一带一路”沿线国家供应环保设备。如川源（中国）机械有限公司向菲律宾马尼拉污水处理厂供应设备、福建新大陆环保科技有限公司向韩国丽水污水处理厂供应设备等。相对于工程输出公司，设备厂商更容易进入国外市场，只要符合目标国家的行业要求和规范，并且有足够的应用业绩，加之物美价廉这个优势，我国设备很容易被推广。

我国环保企业主要向发展中国家输出设备、工程等项目，占比达95%以上。近年来逐渐由设备输出向工程输出、运营服务转变。

一些工程企业“走出去”的路或许会有点坎坷：一方面，工程企业在国内的竞争就非常激烈，企业能力普遍相当，价格战方面的利润空间较小，这些状况在国际上也是存在的；另一方面，工程企业接到国外项目后所面临的问题，不仅是处理设备规格、规范这么简单的环节，工程企业需面临工艺结构、土建设计、设备电气等各个环节的重置，其集成能力面临挑战。这对于海外零经验的国内工程企业来说，以承接工程来打入国际市场会面临很多风险和困难。

6.3.1　马来西亚吉隆坡潘岱第二污水处理厂项目

（1）项目概况

马来西亚吉隆坡潘岱第二污水处理厂由马来西亚能源、绿色科技及水务部共同投资约 9.83 亿林吉特，北控水务集团有限公司为 EPC 服务商，2015 年 7 月投产运营，2017 年 7 月北控水务集团有限公司结束 2 年的委托运营期将吉隆坡潘岱第二污水处理厂全面转交马来西亚政府。

潘岱第二污水处理厂位于吉隆坡潘岱区，是马来西亚境内第一座地下式污水处理厂，设计规模为 32 万 m^3/d，在原有氧化塘厂址上改建为地下式污水处理厂。主体工艺采用旋流沉砂池+改良 A^2/O+矩形沉淀池+紫外线消毒，其中部分消毒出水经膜组件过滤后再生回用。污泥采用厌氧消化工艺处理，生物能源沼气用于发电。此外，该厂还采用太阳能发电、水源热泵等多项绿色节能新技术。

（2）项目实施

2011 年 11 月 3 日，北控水务集团有限公司与马来西亚能源、绿色科技及水务部签订合同，负责建设吉隆坡潘岱第二污水处理厂，项目合同金额约合 20 亿元人民币，项目竣工日期定为 2016 年 1 月 27 日，包括 4 年半项目建设及 2 年项目营运期。项目于 2015 年 7 月投产运营，2017 年 7 月结束委托运营期转交马来西亚政府。

（3）经验分析

企业在对外合作过程中对目标投资国的标准了解程度，对环保政策要求及法律法规、工程招标操作模式、投资环境等信息的掌握程度等，都可能成为项目成败的关键因素。总体来说，企业需要对当地投资环境有一个深刻了解，更好地理解当地行业规范，整体把握项目可能遇到的风险细节，包括资金管制、税务等很多方面。

①专业化团队的保障。

开展海外项目需要非常多的精力用于前期调研工作，更需要足够的耐心等待比较漫长的收益。北控水务集团有限公司在项目推进过程中，尤其是前期筹备到签约这个过程，用了 3 年的时间，与双方政府、金融机构、银行、律师事务所、合作伙伴、设计院、外围支持公司、顾问做了非常多的沟通与汇报。唯有建立专业化团队，才能更好地执行上述内容，团队基本构成是全方位的，尤其是在语言沟通方面具有非常高的要求。

②机制灵活。

企业在对外合作的方式上一定要灵活，在项目推进实施过程中，涉及政府、业主、投资者或承包商之间的关系或角色，要灵活应对、适时转变，在各自可能接受的范围内共同商讨与筹划。

③选择有力的合作伙伴。

在马来西亚污水处理厂项目上，北控水务集团有限公司在当地的合作伙伴之前做过污水项目，只是因为之前做过的项目规模较小，其自身力量不足以支撑这次地下污水项目，但是他们对这个行业非常熟悉，所以这次合作双方沟通相对容易、高效。

④比较好的外部支持。

对企业而言，如果缺少了国内政府、协会、金融机构、律师事务所等外部支持，那么在项目的推进和商务谈判环节上都会比较困难。值得注意的是，我们需要寻求国际律师事务所及金融机构的支持，因为他们了解当地整个环境、行业。

⑤业主方面给予充分配合和支持。

6.3.2 新加坡樟宜第二新生水厂项目

（1）项目概况

水资源匮乏一直是新加坡社会发展的主要制约因素，为摆脱用水困难，新加坡公用事业局启动了再生水作为水资源的建设计划，樟宜第二新生水厂便是其中的重点项目。项目所在地是新加坡樟宜，业主为新加坡公用事业局。项目旨在将新加坡樟宜污水厂二沉池出水进行深度处理，产出新生水，对污水进行深度处理的同时，缓解当地水资源紧张的局面。

（2）项目实施

北控水务集团有限公司于2014年在新加坡公用事业局的全球公开招标中，中标新加坡樟宜第二新生水厂DBOO项目，并于同年10月签订合同。项目采用的工艺流程：来水经微滤+反渗透双膜工艺处理后，再经紫外消毒制成高质量新生水，执行新加坡新生水质量标准。该项目于2016年11月开始运行，日产新生水22.8万t，总系统回收率可达75%以上，占新加坡新生水的30%以上。新生水厂原水为樟宜污水厂出水，经处理后，出水水质不但满足新加坡新生水标准，而且优于饮用水标准，为新加坡提供高质量的工业用水和自来水水源补充，是水资源循环利用的典范。到目前为止，该厂连续稳定生产，平均日产水量达到设计能力的 70%，是新加坡 5 座新生水厂中实际供水量最大的一座。

新加坡樟宜第二新生水厂项目采用 DBOO 模式，由北控水务集团有限公司投资 80%，UE-NEWATER 投资 20%。项目由北控水务集团有限公司设计、建设、拥有和经营，收费运营期为 25 年。该项目是新加坡政府首次授标国外公司投资经营的新生水项目，荣获 2016 年度全球水峰会最佳水务交易大奖第一名，体现了国际市场对中国企业技术能力和综合实力的认可。

（3）经验分析

北控水务集团有限公司积极践行国家“一带一路”倡议，用实力塑造全球水务环保市场的“中国标签”，稳健实施“走出去”战略。樟宜新生水项目通过国际领先的工艺与自控设计及精细化运营管理，高度完善的自控系统、高效的能量回收系统、高标准的设备配置以及先进的全流程运行控制体系，大大减少了水厂值守人员数量，大幅降低了运行费用。北控水务集团有限公司的专业化精细管理带来的成本优势，使北控水务集团有限公司能够为新加坡政府提供更为廉价的新生水，为当前的经济注入活力。

6.3.3　越南芹苴垃圾焚烧发电厂项目

（1）项目概况

芹苴市位于越南南部，是越南 5 个直辖市之一，市区人口 120 万，为越南重要的旅游和经济发达城市。随着经济的发展和人口的快速增长，生活垃圾产生量日益增多。芹苴市生活垃圾主要以填埋、纯焚烧（不发电）为主，设备落后、污染严重，不能满足政府及居民对良好环境的要求。光大国际有限公司越南芹苴垃圾焚烧发电厂项目于 2018 年 12 月 8 日正式竣工并投入运行，该项目采用国际先进的垃圾焚烧发电技术，实现生活垃圾的无害化、减量化及资源化处置，解决芹苴市生活垃圾露天堆放造成的诸多问题，有效改善了芹苴市城市综合环境，也为芹苴市经济发展奠定了坚实的环境基础。

（2）项目实施

芹苴垃圾焚烧发电厂项目以 BOO 模式投资建设和运营，特许经营期为 22 年，总投资为 4 800 万美元，设计日处理生活垃圾 400 t，约占芹苴市每日总清运垃圾的 60%，年处理生活垃圾约 14.6 万 t，年提供绿色电力约 6 000 万 kW·h。该项目核心技术装备全面采用光大国际有限公司自主研发的设备，包括焚烧炉系统、烟气处理系统及渗滤液处理系统，烟气排放全面执行欧盟垃圾焚烧污染 2010 版标准，这对整个芹苴市减少污染、改善生活环境具有重要意义。2018 年 12 月，项目正式竣工并投入运行，该项目是中越两国合作的重要成果，是越南首座投产的现代化生活垃圾焚烧发电项目。

（3）经验分析

该项目实施前，越南垃圾焚烧发电项目尚属空白。欧美、日韩及中国的垃圾处置企业都在竞逐越南垃圾发电市场。各国企业实力不同，技术工艺五花八门、技术水平良莠不齐。越南各级政府对适用于越南垃圾特性的技术工艺、技术标准尚无清晰的判断。芹苴项目将是越南第一座投产的现代化垃圾发电厂，项目在越南乃至东南亚固体废物处理业务领域将起到标杆示范作用，这对中国企业成熟环保技术装备、先进管理运行经验的输出，对中国企业践行国家“一带一路”倡议都具有重要的意义。芹苴项目的成功实施和对越南垃圾焚烧发电项目建设标准、管理模式、技术工艺的选择具有巨大推广指导意义。越南垃圾焚烧发电相关环保法律还不完善，如烟气、污水等标准尚未完善，芹苴项目建设、工艺及运营的标准也将成为越南完善垃圾发电行业标准的重要依据。

6.3.4 肯尼亚凯佩托风电项目

（1）项目概况

肯尼亚凯佩托风电项目总装机容量为 102 MW，共安装 60 台 1.7 MW 风机，由中国机械设备工程股份有限公司（CMEC）作为 EPC 总承包商，美国通用电气公司（GE）执行风力发电机组的供货任务。项目总金额约为 2.21 亿美元，工期 22.5 个月，美国海外私人投资公司（OPIC）提供 2.33 亿美元的贷款，世界银行集团旗下的国际金融公司（IFC）占股 20%。

（2）项目实施

2015 年 9 月 16 日，中国机械设备工程股份有限公司（CMEC）与美国通用电气公司（GE）针对非洲地区清洁能源战略合作签署《谅解备忘录》。备忘录内容包括肯尼亚凯佩托风电项目，CMEC 作为双方合作的具体实施者与肯尼亚业主进行项目谈判，完成 EPC 合同的签署。2016 年 1 月 24 日，CMEC 总裁与肯尼亚凯佩托能源公司股东代表签订肯尼亚凯佩托风电项目合同。双方约定，把肯尼亚凯佩托风电项目作为合作示范项目，拟在肯尼亚大裂谷省的凯佩托地区建设 60 座 1.7 MW 的风力发电站，总装机容量达 102 MW，项目计划投资 3.27 亿美元。

（3）经验分析

肯尼亚凯佩托风电项目对合作方具有重要意义，其不仅进一步开拓了非洲地区新能源市场，同时也进一步促进了中国与“一带一路”沿线国家建立良好合作关系，有利于推动中美两国的经贸友好合作，落实两国的“全球化”战略步伐，充实中美新型大国关系的经济内涵。

根据肯尼亚风电项目的成功经验，对于非洲内陆资源相对稀缺的地区，投资公司可以采用联合开发、联合资本配置模式的方式，在特定的项目中互利互助、优势互补，优化投资渠道，获得多元化融资渠道，有效应对环境气候等极端因素的变化，保证项目的安全进行。通过与海外经验丰富的企业进行合作，与沿线国家建立良好的关系，实现能源资源的互联互通。

中国 EPC 企业与海外 EPC 企业相比，更擅长于从零开始做基础设施建设工作，而且中国企业的建设能力和吃苦耐劳精神，会对项目建设起到很大的促进作用。同时，中国与“一带一路”沿线国家建立了良好合作关系，对项目建设起到了很大的促进作用。而一些老牌海外 EPC 企业，如 GE 公司，历史悠久、根基深广，深得海外业主的信赖，在技术设备支持、管理培训经验、沟通渠道等方面具有优势，且与多国银行、金融机构、第三方机构都建立了良好的关系，能帮助中方 EPC 公司和海外业主无缝沟通，并提供多元化融资渠道，进一步降低项目风险。

6.4　工作方案

目前国际主流环保项目合作平台主要有两类：第一类是依靠政府间组织，如东盟；第二类是私营企业层面，一般是企业自发的市场化行为。尽管我国近年来对生态环境领域的合作投入逐步增加，但项目数量和资金额所占比重依然较低。一方面，中国对外援助遵循项目由受援国提出的原则，但在多数发展中国家，生态保护项目不能进入优先名单，而中国和其他相关方面的丰富资源和项目推介也难以参与进来。另一方面，中国开展的生态文明“南南合作”“一带一路”等对外援助项目依然主要集中在国家各部委层面，地方政府、民间组织和企业缺乏对外合作的经济条件和能力，所以参与度较低。因此，制定科学合理的技术输出工作方案，引导更多政府力量和企业积极参与“一带一路”沿线国家技术转移工作，可以促进“一带一路”合作国家环保产业发展，继而吸引更多环保产业投资、环保技术转移和人力资源培训，产生良性循环。

结合“一带一路”沿线国家实际情况，总结出官方渠道和市场化渠道两条技术输出路径，具体工作流程如图 6-1 所示。由于不同国家的政治经济形势差距较大，对外技术输出工作风险等级很高。根据以往案例经验总结，在实施对外技术输出的全过程中，需要引入由官方合作平台、金融机构、保险机构、律师事务所和咨询机构等组成的专业化团队，严格进行风险管理。

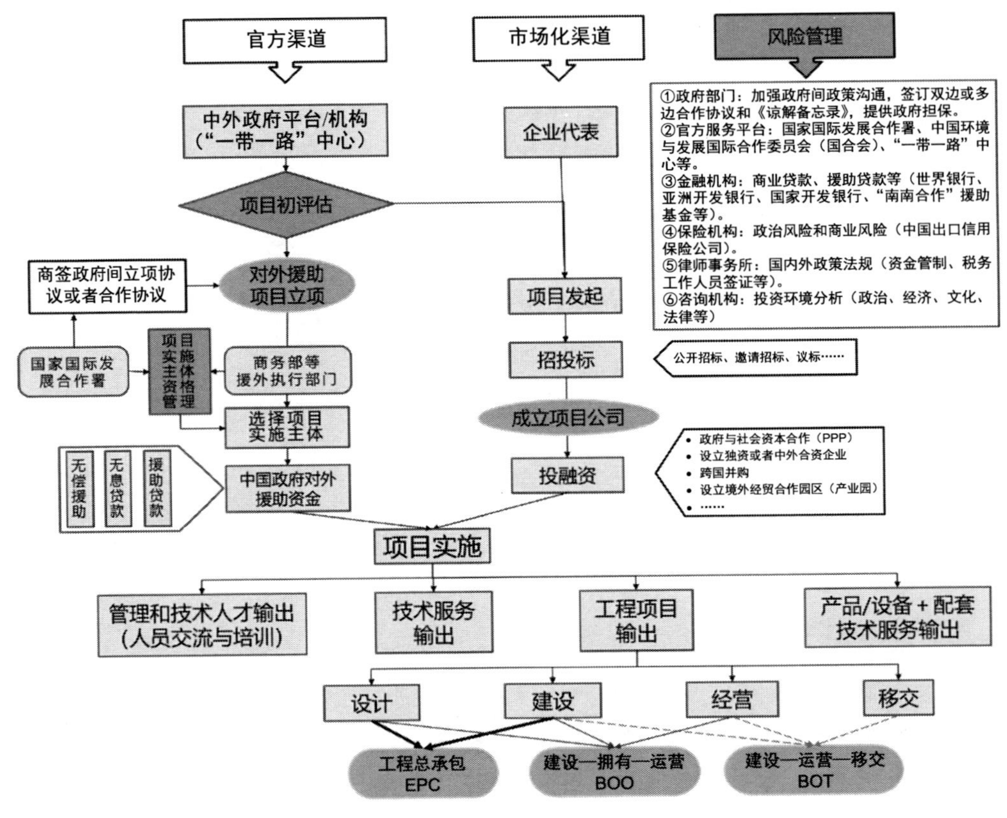

图 6-1　“一带一路”沿线国家技术输出工作流程

6.4.1　沟通联络机制

根据以往国际合作经验，搭建中外政府及企业间的沟通渠道，加强政府间政策沟通和企业间的信息交流，是后续技术输出工作的先决条件。笔者收集了“一带一路”沿线国家投资对接机构信息，旨在为国内对外交流与合作平台或者机构开展技术输出工作提供参考。

6.4.2　项目立项

6.4.2.1　官方渠道

对外合作官方渠道是指国内对外交流与合作平台或者机构，如“一带一路”中心、中国环境与发展国际合作委员会（国合会）等。通过“一带一路”沿线国家政府部门、国际组织（如联合国环境规划署、东盟环境部门等）或者非政府组织等渠道，收集到“一带一路”沿线国家水安全管理技术需求，首先对项目进行初步评估，然后选择合适的项目推进和实施渠道。

（1）对外援助

对外援助是大国外交的重要手段，是我国对外交流与经济合作战略的重要组成部分。近年来，我国稳步扩大援外规模，创新援外方式，推动援外事业不断取得新成果。对于需要援助的国家，由国家国际发展合作署牵头外交部和商务部等对外援助执行部门，按照《对外援助管理办法》（2021 年第 1 号）执行对外援助工作。

“一带一路”沿线国家如果需要申请中方援助，应当通过驻外使领馆（团）向中方提出项目建议，驻外使领馆（团）进行国别政策审核并形成明确意见后报外交部和国家国际发展合作署，并抄报商务部等援外执行部门。援外执行部门可以根据工作需要向国家国际发展合作署提出项目建议。

对外援助项目在立项前，国家国际发展合作署应当组织项目前期论证，进行可行性研究。中方可以要求受援方提供拟立项项目的相关资料，作为进行可行性研究的前提。国际发展合作署根据可行性研究结果确定项目是否立项，并按照程序批准立项。

通过优惠贷款项开展的对外援助项目，在贷款金融机构出具评审意见后，国家国际发展合作署按照程序批准立项，并与受援国家签署优惠贷款框架协议。

对外援助项目立项后，国家国际发展合作署应当与受援国家商签政府间立项协议，明确协议各方的权利和义务，主要包括项目内容、资金安排、实施配套条件、相关税收减免、安全保障等。中方同其他国家、国际组织、非政府组织等合作实施的对外援助项目，国家国际发展合作署应当与合作方商签合作协议，明确各方权利义务。

（2）政府引导的市场化渠道

对于其他可以引入市场机制的合作项目，政府部门可以加强政府间的政策沟通，通过签订双边或多边合作协议和《谅解备忘录》，引导中方企业开展相关技术输出工作。

政府引导的市场化技术输出项目，一般是双方政府搭台，需求国政府或企业根据需求发起项目，通过公开招标、邀请招标或者议标等方式，择优选择合作企业并成立项目公司。

6.4.2.2 市场化渠道

在完全市场化机制下，“一带一路”沿线国家的政府或者企业，根据具体的技术需求，通过公开招投标的方式选择合作伙伴。市场化渠道是企业自发性的市场化活动。中方企业依靠自身的核心竞争力，与全世界的优秀企业公平竞标。

6.4.3 项目投融资

6.4.3.1 官方渠道

（1）对外援助

对外援助项目使用中方政府对外援助资金，主要包括无偿援助、无息贷款和优惠贷款 3 种类型。其中，无偿援助主要用于受援方在减贫、减灾、民生、社会福利、公共服务、人道主义等方面的援助需求；无息贷款主要用于受援方在公共基础设施、工农业生产等方面的援助需求；优惠贷款主要用于受援方在具有经济效益的生产型项目、资源能源开发项目、较大规模的基础设施建设项目等方面的援助需求。使用优惠贷款项的对外援助项目，国家国际发展合作署应当与受援国家签署优惠贷款框架协议。此外，国家国际发展合作署可以通过“南南合作”援助基金等方式创新对外援助形式。

（2）政府引导的市场化渠道

在政府引导、企业决策和市场化运作的原则下，企业通过与政府合作开发（PPP）、设立独资或合资企业、跨国并购或者设立境外经贸合作园区等方式投资境外项目。

对于大型工程建设项目，企业一般通过金融机构进行融资贷款，并通过对方政府、企业以及用户等购买产品或者服务的方式，偿还贷款并盈利。

针对“一带一路”沿线国家，在政府担保的前提下，中方可以协助对方向国家开发银行（国开行）或者世界银行、亚洲开发银行、亚洲基础设施投资银行、“南南合作”援助基金等金融机构申请低息援助贷款。

国开行是中国首个加入联合国全球契约的金融机构，也是“绿色信贷”的积极倡导者和推动者之一，长期致力于以开发性金融支持产品、环境保护和节能减排领域发展。在为项目提供融资前，国开行都会对借款人的负债情况、偿债能力做严格测算，贷款后也会持续跟踪监测相关国别风险和主权风险。国开行建立了国家主权信用评级，以及国家风险限额管理制和相关的评估监控管理体系。从风险管理的角度出发，国开行充分整合中国金融机构资源，引入中国出口信用保险公司，覆盖项目贷款本息的政治风险和商业风险。另外，国开行也积极推动创新商业模式与投资模式的统合化。

6.4.3.2　市场化渠道

市场化机制下，对方政府或者企业利用自有资金立项投资，通过公开招标，请中方中标承包商提供产品、技术、工程建设或者运营管理等服务。中方企业也可以参与项目的投资建设，并通过对方购买产品或者服务回收投资款并盈利。

6.4.4　项目实施

不同技术输出路径下，项目实施过程基本相同，主要包括技术与管理人才输出（人员交流与培训）、技术服务输出、产品/设备和配套技术输出、工程项目输出等。

（1）技术与管理人才输出

技术与管理人才输出是指向“一带一路”沿线国家提供各种形式的学历学位教育、研修培训、人员交流以及高级专家服务的项目。

（2）技术服务输出

技术服务输出是指综合采用选派专家、技术工人或者提供政策和技术咨询等手段，帮助“一带一路”沿线国家实现特定政策、管理或者技术目标。

（3）产品/设备和配套技术输出

产品/设备和配套技术输出是指向“一带一路”沿线国家提供技术性产品或者成套设备，并承担必要的配套技术服务。

（4）工程项目输出

工程项目输出是指通过组织实施设计、施工、安装、试运营和移交等工程项目建设的全过程或者部分阶段，向“一带一路”沿线国家提供生产生活、公共服务等成套设备和工程设施，并提供长效质量保证和配套技术服务的项目。其中，根据承建内容的不同，工程项目实施方式可分为工程总包（设计+建设，EPC）、建设—拥有—运营（BOO）和建设—运营—移交（BOT）等模式。

第 7 章　技术输出风险防范策略

在推动“一带一路”环境技术转移过程中，为突出生态文明和绿色发展理念，推动生态环保与社会、经济发展相融合，我国生态环境主管部门以及对外合作中心应积极对接沿线国家或地区的相关战略规划，加强生态环保政策对话，丰富合作机制和交流平台，选择重点国家和重点领域，以点带面形成辐射效应，引领我国优势环保企业的先进适用技术、产品和服务等有序参与绿色“一带一路”建设。

“一带一路”沿线国家多为发展中国家和新型经济体，不仅自然环境、资源禀赋各不相同，经济发展水平、工业化进程、民族文化及宗教信仰等也存在较大差异。为确保我国环保产业能够“走出去”，企业及有关部门应高度重视境外政治、经济、社会及法律风险的防范，通过完善风险防范体系，全面提高境外风险应对能力。

7.1.1　政治风险防范策略

政治风险主要涉及投资国政局稳定性、贸易政策风险及政府腐败状况等，这些是决定企业能否正常开展技术输出最为关键的因素之一。政治风险的防范应充分利用政府职能，通过与投资国开展政府间协商，实现政治风险的最小化。对于开展跨境技术输出的企业，企业应对投资国开展技术输出的政治风险进行评估，针对性识别主要风险、次要风险，并制定相应的政治风险预案。在关系建设方面，企业应与相关国家的地方政府建立协同关系，积极参与当地地方发展建设，加强双方间信任。此外，企业还可与投资国当地企业合资设立新的企业进行生产经营，通过合资经营，扩大企业在投资国当地的所有者基础，拉近与投资国地方政府的关系，分散企业经营风险。在经营策略方面，企业尽可能使用投资国当地劳动力、原材料及其他可替代的生产资源，通过促进投资国当地经济发展及劳动力就业，与投资国当地利益相关者进行一定程度绑定，增强风险抵抗能力；此外，企业还可参加国有化或征用险、营业中断险等海外投资保险，通过投保将整治风险转移至保险机构，增强自身风险承受能力。在企业合作方面，在同一国家或地区开展投资活动的中国企业可联合起来开展政治风险研究与协同应对，共同实现经济利益最大化。

7.1.2　经济风险防范策略

我国企业在“一带一路”沿线国家开展技术输出过程中，难免会遇到各种经济风险问题，包括融资风险、通货膨胀、汇率波动、利率风险、运营风险等，应对不当将会极大降低企业利润，甚至亏损出局。因此，我国政府相关部门应加强对企业境外技术输出的金融支持，同时企业应根据投资国当地经济环境状况，针对性开展经济风险管理。我国政府相关部门应进一步加强对生态修复、环境基础设施建设、环境治理等绿色环保项目的金融支持。进一步发挥亚洲基础设施投资银行等专项金融机构，丝路基金、中国—东盟投资合作基金、中非产能合作基金、中拉产能合作投资基金等国际性基金的带动引领作用，加大对“一带一路”沿线国家开展的绿色环保项目的支持力度。对于企业，在开展技术输出前，企业应对投资国开展多维度市场调研，充分了解投资国当地经济环境、税收政策等，提前对技术转移过程中可能发生的潜在经济风险进行识别、评估，有针对性地制定应对策略；在融资方面，企业应加强与投资国地方政府的金融合作，通过构建共赢的合作模式，拓宽融资渠道，从而降低融资风险；在成本控制方面，企业应对投资国市场进行充分调研，掌握投资国地方税收及财政政策、原材料价格波动趋势及劳动力成本等，有效开展成本管理；在外汇风险方面，企业应及时关注外汇变化趋势，定期监控外币资产及负债，合理制定融资规模，有效防范外汇风险；此外，企业应从成本、运营等方面加强管理，有序强化风险管理。

7.1.3　社会风险防范策略

社会风险是企业开展境外技术输出过程中面临的最为广泛的一类风险，包括民族风险（排华）、宗教信仰及风俗习惯差异所导致的风险等。社会风险防范的关键在于企业自身，通过加强自身管理及应对能力，可有效降低相应风险。在开展技术输出前，企业应通过多渠道了解投资国当地宗教信仰、民族风俗及对华友好程度情况，通过针对性企业内部培训，加强企业员工与投资国当地文化及民众的融入程度；对于对华友好程度一般的国家，企业应与投资国地方政府保持密切联系，避免因宗教信仰、风俗习惯等与投资国当地群众产生冲突，必要时可有针对性地制定社会风险防范对策，确保企业业务正常开展。

7.1.4 法律风险防范策略

企业在开展境外技术输出过程中将面临知识产权、劳工、税务及行业限值等方面的诸多法律风险。因此，为规避法律“雷区”，企业应对投资国当地的法律体系进行深入研究，通过对其法律进行系统性梳理以及对过往海外投资案例进行总结分析，以实现合法经营、规范运作。在对法律法规的研究中，企业应设立海外法律研究专员，专门承担投资国法律、法规的动态调整及风险识别工作，为企业的正常经营提供法律支持，确保企业各项经营活动合法合规。

参考文献

[1] 21世纪水安全——海牙世界部长级会议宣言[J]．中国水利，2000（7）：8-9.

[2] A.E.阿萨林．俄罗斯的水资源及其利用[J]．水利水电快报，2008（5）：1-4，8.

[3] 白慧文．基于河长制的北京市水环境管理体制分析[J]．北京水务，2019（2）：39-45.

[4] 北京市生态环境局．北京市生态环境状况公报（2020年）[R]．2020.

[5] 北京市水务局．北京市水资源公报（2020年）[R]．2020.

[6] 邓铭江，李湘权，雷雨．哈萨克斯坦水资源及水能资源开发前景分析[J]．水力发电，2014，40（7）：1-4.

[7] 广州日报．广州大力推动水环境治理工作 147 条河涌消除黑臭重现美景[EB/OL]. http://gdgz.wenming.cn/gzjj/202003/t20200327_6376011.htm.

[8] 广州市水务局．广州市防洪（潮）排涝规划（2021—2035年）[R]．2022.

[9] 广州市生态环境局．广州市生态环境状况公报（2020年）[R]．2020.

[10] 广州市水务局．广州市水资源公报（2020年）[R]．2020.

[11] 洪阳．中国21世纪的水安全[J]．环境保护，1999（10）：29-31.

[12] 蒋博龄．典型工业园区末端水处理技术评估方法研究[D]．天津：天津大学，2016.

[13] 李素菊．中国对地观测卫星在缅甸洪涝灾害应急监测中的应用[J]．航天器工程，2017（2）：146-153.

[14] 马成祥．浅谈沙特阿拉伯水资源开发利用途径[J]．甘肃水利水电技术，2016（6）：6-8.

[15] 朴光姬，李芳．“一带一路”对接缅甸水资源开发新思路研究[J]．南亚研究，2017（4）：60-77，153.

[16] 上海市水务局．上海市防洪除涝规划（2020—2035年）[R]．2020.

[17] 上海市生态环境局．上海市生态环境状况公报（2020年）[R]．2020.

[18] 上海市水务局．上海市水资源公报（2020年）[R]．2020.

[19] 深圳市生态环境局. 深圳市生态环境状况公报（2020 年）[R]. 2020.

[20] 深圳市水务局. 深圳市水资源公报（2020 年）[R]. 2020.

[21] 史正涛，刘新有. 城市水安全的概念、内涵与特征辨析[J]. 水文，2008（5）：24-27.

[22] 苏铁娜，王海平. 俄罗斯自然资源管理体制及其启示[J]. 中国国土资源经济，2016，29（5）：54-58.

[23] 孙晓英. 完善北京市防洪排涝体系关键问题研究[J]. 人民黄河，2017（2）：28-33.

[24]《完善水治理体制研究》课题组. 我国水治理及水治理体制现状分析[J]. 水利发展研究，2015（8）：9-12.

[25] 王文卿. 俄罗斯水资源管理法律制度研究[D]. 郑州：郑州大学，2010.

[26] 夏军，石卫. 变化环境下中国水安全问题研究与展望[J]. 水利学报，2016，47（3）：292-301.

[27] 熊永兰，吴秀平，牛艺博. "一带一路"沿线国家水风险分析[EB/OL]. http://mt.sohu.com/business/d20170527/143926569_657036.shtml.

[28] 杨光明，孙长林. 中国水安全问题及其策略研究[J]. 灾害学，2008（2）：101-105.

[29] 俞红俭. 特大型城市供水水源安全保障体系构建——以上海为例[J]. 净水技术，2018（Z2）：17-20.

[30] 张新月. 辽河流域农田面源污染治理技术评估[D]. 沈阳：沈阳大学，2021.

[31] 赵欢. 肯尼亚的绿色发展之路[J]. 世界环境，2016（2）：79-80.

[32] 左其亭. "一带一路"分区水资源特征及水安全保障体系框架[J]. 水资源保护，2018（4）：16-21，28.

[33] ALFAIFI H，EL-SOROGY A S，QAYSI S，et al. Evaluation of heavy metal contamination and groundwater quality along the Red Sea coast，southern Saudi Arabia[J]. Marine Pollution. Bull，2021，163.

[34] BAATAR B，CHULUUN B，TANG S-L，et al. Vertical distribution of physical–chemical features of water and bottom sediments in four saline lakes of the Khangai mountain region，Western Mongolia [J]. Environmental Earth Sciences，2017，76（3）.

[35] CHAI L G. The river water quality before and during the Movement Control Order（MCO）in Malaysia[J]. Case Studies in Chemical and Environmental Engineering，2020，2.

[36] HAKAMI B A，SEIF E，EL-SHATER A A. Environmental pollution assessment of Al-Musk Lake，Jeddah，Saudi Arabia[J]. Natural Hazards：Journal of the International Society for the Prevention and Mitigation of Natural Hazards，2020，101.

[37] MALLICK J，KUMAR A，ALMESFER M K，et al. An index-based approach to assess

groundwater quality for drinking and irrigation in Asir region of Saudi Arabia[J]. Arab. J. Geosci，2021，14：1-17.

[38] MURAD M W，PEREIRA J J. Malaysia：Environmental health issues[J]. Encyclopedia of Environmental Health，2011：577-594.